U0379973

笑谈热设计

（美）Tony Kordyban 著

李 波 译

机械工业出版社

本书共分7章，第1章主要谈论电子设备热测试。第2章以风扇为主线，介绍了风扇在实际应用中的诸多特点和限制，从实际的角度选择和应用风扇。第3章介绍了电子设备中常见的元器件和材料，同样从实际应用的角度来考虑它们的热设计限制和特点。第4章是关于辐射热交换在电子设备散热中作用的阐述。第5章的内容围绕JEDEC组织推出的相关通信标准展开。第6章是一些独立的热设计故事集合。最后一章作者分享了过往在通信行业热设计中的趣事。

本书具有措辞诙谐幽默，内容丰富、贴近实际产品和涉及行业广泛等特点。书中诙谐的言语承载着宝贵的经验知识，实乃电子设备热设计行业难得一见的好书。

本书可以作为电子设备热设计从业人员的参考用书，同时也可以作为电子工程师、结构工程师的工作扩展读物，浅显易懂的表述可以让不具备传热与流体力学背景的工程师了解热设计的特点和规律。此外，对于将来有志于从事电子设备热设计的读者而言，同样具有较大的参考价值。

译者序

2010年5月时的我已经在热研究员的岗位上工作了一年多。终日忙碌于热测试实验室和办公桌，每天在现实和工作理想之间纠结。对于职业前景的心理状态也由刚入职时的憧憬渐渐转变为迷惘。每一次走过老工程师的办公桌，计算机前专注看报告的人仿佛是20年后的自己。一次无意中看到Tony先生的大作《More Hot Air》，恍惚之间发现原来枯燥的热阻理论可以变得如此生动，晦涩难懂的热辐射现象可以描述得如此形象。在被Tony丰富的热设计经验和知识折服的同时，也为其写作天赋和幽默感叫绝。他对于专业技术的专注和积累，丰富的个人兴趣爱好猛然间触动了当时茫然的我。作为Tony在大洋彼岸的同行，我比他更了解汉语的语法和特点，我完全可以将他的著作以另外一种语言进行展现，让更多人学习到偏重工程实际的热设计经验，领略到异乡技术工程师诙谐风趣的言语。当然，对于个人而言，书籍翻译也是自我专业英文提升的过程。何乐而不为呢？即刻就开始，翻译进行的过程伴随着上海世博展览会、南非足球世界杯等诸多大事件的发生。2011年春节的前夕，《More Hot Air》的中文版初稿完成。某个工作阶段的结束往往意味着新阶段的开始。但书籍中文版出版的难度和所需费用使我措手不及。时光荏苒，一晃来到了2014年的春天。这三年中翻译的中文稿件一直被存放在书架的最上层。而我也由一名热研究员转型为一名热设计技术应用工程师。一次与公司市场专员易芸芸的闲聊，猛然间听闻她与机械工业出版社电工电子分社社长牛新国熟识。我便将《More Hot Air》中文版的状况全盘托出。后期易芸芸和牛社长在本书出版过程中亦提供了诸多帮助，译者在此深表感谢。此外，译者有幸请到郭广品和陈彦霖两位从事热设计工作多年的朋友帮忙对中文译稿进行了校核，对此表示衷心感谢。最后译者要感谢自己的家人，是他们的支持和鼓励使译者能完成本书的中文版翻译工作。

本书具有内容丰富、贴近实际产品和涉及行业广泛等特点。作者将科学技术和工程经验以轻松诙谐的故事形式进行阐述。学生时代，我们评价一位优秀老师的标准往往是：学识渊博，诙谐幽默。老师的授课过程犹如一段精彩的知识演绎和传授。学生在充满笑声的课堂中，把所需的知识牢牢掌握。同样，《More Hot Air》一书有如一位无声的热设计优秀老师，诙谐的言语承载着宝贵的经验知识，让每一位读者都获益匪浅。此外，全书涉及内容广泛，电子设备热测试作为热设计的重要组成部分，在同类书籍中往往被忽略，但本书中也进行了细致的阐述。源于现实生活和工作的素材使得全书通俗易懂且贴近实际产品。当然，作者丰富的热设计工作经历也让全书内容涉及电力能源、通信和计算机等多个行业。

由于译者非英语专业科班出身，热设计相关专业知识也处于积累和提升阶段，书中翻译不当和错漏在所难免，恳请广大读者批评指正。正如古人云："奇文共欣赏，疑义相与析"。

李 波
2014 年 7 月
Lee_1943@ hotmail. com

原书前言

人们书写的任何东西都可以视作一种自我表白。

你会情不自禁地展示出你自身的一些特性，即使是通过一些随意地涂鸦和笔记。你的超市收银条揭示了你对高脂肪和咸味小吃的喜爱。在你生日之际，你岳母赠送给你家庭录像机作为生日礼物，即便你的感谢便笺只有寥寥数字，但也表达了你深切的感激之情。即便是你所书写的那些看似客观的工程测试报告，更多地也只是描述着你所希望的产品运行状况，而非产品实际的情况。

我即将进行自我的表白，所以你也没有必要猜想随后几个章节的内容。我真正想写的内容是一本称之为人脑单元的科幻小说。这将是一本类似 Stephen King（美国畅销书作家）作品的超酷小说。电话公司发现一小部分人具有心灵感应的能力，该公司将这个发现转变为一个通信发展项目，而不是将他们的发现公布于众。他们的科学家找到了利用心灵感应能力取代电话网络的方法。人们可以随时进行相互交流，而不需要通过传统的电缆、微波、卫星或光纤。这个研究项目的最大挑战在于如果人们相互间可以直接进行交流，那么电话公司又该如何向用户进行收费呢？

电话公司的解决方案就是他们没有用这个研究成果去取代现有的电话网络。你在托莱多（美国东部城市）的祖母仍然不得不拿起电话，拨一大堆电话号码，同时对着麦克风（标准中称为传声器）与人交流。她的电话机首先联系到总机，之后进行电信和心灵感应的转换，并且将来自托莱多的心灵感应发送至佛雷斯诺（美国中西部城市）相应的人脑单元。在那里，心灵感应被转换成相应的电信号送至你受胆囊疾病折磨的阿姨的电话机中。

我承认这是一个非常毫无新意的想法，绝大部分人甚至都不知道电话网络是如何工作的，这也难怪他们不关心电话网络是否要被一大群人脑所取代。也许可以通过一些其他方式来增加故事的趣味性，诸如邪恶的电话公司抢走人们的大脑，并且将他们放在充满绿色泡沫液体的盘子中。后来，大脑网络领会到他们自己有自己的生活，控制了网络并且给予邪恶的电话公司工程师应有的惩罚。

你可能会明白为什么我永远也无法在小说方面有所成就。当绝大多数人物都是邪恶的工程师（不相信爱情故事存在）和脱离现实的大脑时，人们就无法以一种充满炽热情感的方式进行工作。

那会引起另一个困惑。我早就说过绝大多数人对于电话网络如何工作一无所知。我已经在通信行业工作超过17年，并且我仔细考虑了这些年的收获。我参与了很多用于通信网络的电子硬件产品开发。我意识到它们通常与电话转换或者多条电话线路接入至一条线路有关。但除了那种模糊的概念之外，我其实并不了解电气电路是如何工作的。作为一个热设计工程师，我通常情况下只知道一件事情：它们将电功率转换成热功耗，并且我的工作是计算有多少热量可以被散掉，以至于电气电路不会过热。

我开始是在《时事通讯》中撰写关于我工作经历的文章，这些文章最终变成了这本书，但是存在两个问题。首先，我不得不对我所撰写的项目进行了修饰，因为通常我撰写的内容都会涉及令人尴尬的热设计错误。即便我可能会得到公司的准许，我也不想使用真实的人名和项目名，因为我不想伤害任何人的情感和尊严。我写下了这些关于散热的错误，使其他人能体会到其中的教育意义，以便于其他人不会犯相同的错误。第二个问题是我对那些真实项目了解得不够，没有详细的描述它们也避免我出丑。

我对于这两个问题的解决方法是撰写一本虚构的小说。并不是我实际参与设计的高密度回声消音电路板和光纤开关，你会发现你看到的是失踪狗追踪系统和电话推销自动屏蔽电路。一次又一次，你会发现人脑单元作为故事的背景。

这些就是介绍的内容，介绍的主要目的是告诉你本书中会出现一些没有解释的事物。人脑单元就是这样的一个例子。我反复使用它作为Herbie的项目。现在我已经告诉你它来自哪里，当你不期而遇这些事物时请不要困惑。

哦，是的，Herbie。如果你没有阅读我的第一本书《Hot Air Rises and Heat Sinks》，你不会知道谁是Herbie。Herbie是我的朋友，他是虚构的，他是一个工程化的原型。他的热设计水平远没有你好，所以你可以把所有的热设计错误都归咎于他。你可能知道你工作周围也有一个类似Herbie的人。他是热心的，希望把事情做好，并且喜欢以超出他能力的方式进行工作。

Herbie是重要的。如果我不创造他，上帝也不得不创造他。他有点过分，但他可以作为我们的老师，因为我们从他所犯的错误中学到了不少东西。如果没有他，我们将不得不使我们自己犯这些错误。

他也可以作为一句警示格言。他说："不要做像我一样的人。学习，阅读这本书。”

本书架构

到目前为止，你应该注意到本书不是一本专业的教科书。本书开头并不是介绍热传导、热对流和热辐射等概念，也没有让你完成课后作业。本书只是收集了一些短小的故事，其中很多都是基于现实生活，但你永远也不要尝试在真实生活中找到原型。此外，本书没有任何的逻辑顺序，每一个章节都是以名为《HOTNEWS》热设计《时事通讯》月刊的一篇文章开始。我写下了最近引起我注意的内容。

本书由七个内容松散的章节组成。这些章节的组成就如同干洗机中拿出来的待熨烫衣服。我对每一个故事进行判断，以确定故事之间是否存在一定联系。一些与其他故事不匹配的故事被组成一个章节，就如同一个抽屉中塞满了各式的袜子。也许这些故事如同袜子玩偶一样依然有用。以下是这些章节的分类。

第 1 章　测量与测试：直接从实验室得到错误的结果

第 2 章　风扇：增加空气流动和冷却系统的尺寸

第 3 章　元器件和材料：很多元器件有时就是一个问题

第 4 章　辐射：斯蒂藩和玻尔兹曼不是 20 世纪 70 年代德国重金属乐队！

第 5 章　JEDEC 的故事：对于元器件热阻行业标准定义的声讨

第 6 章　松散关联的故事集

第 7 章　通信：一个充满神话和错误的领域

最后一章中包括了大量关于通信行业的术语和专业的传热学概念。我将它们归纳在一起，以便于汽车、航空和消费电子行业的读者可以轻松地忽略这一章。如同其他章一样，这一章为广大读者所撰写，即便你没有仔细学习过通信行业的相关技术课程，但是你仍然可以找到一两个俏皮话来犒劳你的阅读。

现在请你阅读、享受、学习以及和你的同事进行分享。只是不要仅仅在意你在本书阅读中获取的产品热设计经验，要尝试检查你自己的分析和测试！仅仅因为我声称“你所知道的一切都是错的”并不意味着这个推论“我所知道的一切都是对的”会成立。记住，如果我已经学习了足够多的知识来撰写两本关于这个主题的书，那么我也必定会让我的错误传播。你可以统计本书中出现的错误。

没错，我是不够完美的。我承认。

目　录

一位销售员鼓吹他的 PCB 绝缘材料在热导率方面具有很大的提升。新的绝缘材料的热导率是以往材料的 10 倍，那又为什么 PCB 的温度得不到任何的降低呢？

3.8 更大的接触热阻 /87

当热功耗变得很高时，人们必须像电视剧《The Flying Nun》中的女修道院院长一样严格，也就是说仔细设计贴附到元器件的散热器。在高的热功耗情况下，物体接合处的热阻可能决定了整个热设计的成败。

第 4 章 辐射：斯蒂藩和玻尔兹曼不是 20 世纪 70 年代德国重金属乐队！ /91

4.1 红外线 /92

借助于 Herbie 女朋友 Vernita 作为辐射源，解释了辐射热交换的基本原理。热辐射中有一个 Marphy 定律：即便你不需要热辐射（例如当元器件封装热阻遵从工业标准进行测试），但它依旧存在于那里。

4.2 红外摄像机的优点是有限的 /95

一个红外摄像机能否透视衣服？它能否透视设备金属外壳？它能否看到热空气的流动？这些都不行，但红外摄像机还是一个有用的工具。

4.3 否定结果也是非常重要的 /99

为什么 PCB 的红外摄像图片与 CFD 软件计算的彩色温度云图结果几乎不可能一致，并且从这些缺乏一致性的热分析工具中我们可以学习到什么？

4.4 选择性表面 /102

选择性表面可以避免室外机柜免受太阳辐射的影响，但你无法控制选择性表面。

第 5 章 JEDEC 的故事 /106

5.1 不包括 PCB /107

在 PCB 上钻孔是否可以使元器件温度更低？一个网络聊天室的讨论表明确实如此。如果这些孔是热过孔，或许情况就是如此。JEDEC 定义了 θ_{j-a}（结点和环境之间的热阻）中包括了一块 PCB 作为散热器，所以将你自己的 PCB 作为散热器不会对降低元器件温度有所帮助。

第1章　测量与测试：直接从实验室得到错误的结果

测试数据被认为比其他种类的信息更为“真实”。当然，对产品进行测试要好过不对其进行测试。但即便使用这个地球上最精确的测试仪器得到的测试结果也未必准确。做错实验和测试的方式是多种多样的。本章中仅仅给出了其中一些有趣的例子。

可能你会质疑我。你认为使用正确校验过的仪器总是可以获得真相。

人们都说相机不会说谎。

仔细看一下你驾驶证上的照片。你觉得照片上的你是否与你很像?

1.1 最恶劣条件

在我度假回到办公室之后，发现电子邮箱中尽是有关电源电路板热测试的问题。针对这个电源设计的评审工作马上就要开始了，但这个电源是否满足设计要求却依然未知。六个不同的人以六种不同的方式进行热测试工作，并且得到了六种不同的热测试结果。他们的注意力都集中在了电源的输入功率绝缘变压器上，因为这个元器件是电源能否正常工作的关键。

来自测试工程部的 Don 对电源样机进行了测试，他将一个光纤接口系统作为电源的输出负载。他将被测试电源置于温度为 50℃ 的恒温箱中，并且测量电源输入变压器周围的空气温度。变压器说明书上规定了其正常工作时周围空气温度范围为 -45 ~ 70℃。测试结果显示，当电源处于环境温度最恶劣条件 50℃ 时，变压器周围的空气温度为 62℃。因为变压器的局部空气温度小于 70℃，所以 Don 认为输入变压器满足设计要求。

Smith 博士同样进行了温度测试工作，其主要目的是想评判电源能否通过安全规范认证。他并不关心电源有多少电流输出到光纤接口系统中。他只是想知道当电源关闭前电流处于最大值时，绝缘变压器的温度有多高（当电源过载或短路时往往会被设计成自动关闭，自动关闭之前，电流将达到最大值，随即输出电压降到几乎为零）。他没有像 Don 一样采用光纤接口系统作为电源的负载，而是采用了一个可变负载箱使电源的输出电流达到最大极限值。然后他让电源一直工作，直到有元器件烧毁或温度达到稳定值后才停止。Smith 仔细地核实这种最恶劣条件下电源是否存在安全隐患。他所测得的变压器绕组温度为 125℃。

Will 是电源研发部门的技术专家，他将一个全负载光纤接口系统和电源一起放至 50℃ 的恒温箱中。50℃ 是电源最恶劣工作条件下的环境温度。在电源处于 50℃ 环境温度若干小时之后，他关闭了恒温箱内的风扇（由于光纤接口系统的散热方式为自然冷却，恒温箱内的循环风扇会对元器件的散热产生一定影响），并且让整个被测试系统的温度达到稳定状态，此时电源变压器的绕组温度为 82℃。

Penney 是电源部门的高级工程师，她认为 Will 的测试条件并非最恶劣。出于系统冗余的考虑，光纤接口系统有两个电源系统。如果其中一个电源失效，则另外一个电源将负责光纤接口系统所有的功率需求，直至失效的电源被修复。她重复了 Will 的测试条件，唯一的区别是关闭了其中的一个电源。此时，另一个电源不得不独立负担光纤接口系统的功率需求。此时电源输入变压器的绕组温度上升为 93℃。

可靠性工程部的 John 测量得到变压器的绕组温度为 118℃。他将电源置于循环风扇停止工作的 50℃ 恒温箱中，并且采用一个可变负载箱作为电源的输出负载。与 Smith 使电源工作在电流的最大极限值不同，他将电源的负载设定为电源规格书中的额定最大值。另外，John 将电源的输入电压设为额定最小值 42V，而不是标称输入电压 48V，所以输入变压器的电流处于更恶劣的条件。

Maureen 是可靠性工程部的实习生，她在我的办公室找到一本有关外插法的书籍，并将外插法应用到了 John 的结果中。她估计了 13000ft[⊖] 海拔对于电源工作在电流极限值下的影响。她通过外插法得到高海拔最恶劣条件下变压器的绕组温度为 160℃。

Herbie 尝试协调电源设计评审会议。他写邮件给大家。“嘿，散热专家们。在这些测试中哪一个测试才是在最恶劣条件下进行的？输入变压器绕组温度的限制是 130℃。变压器能否满足热设计要求？一些测试结果表明变压器符合设计要求，而另外一些测试却给出相反的结论。设计评审时会有老大们在场。由于我们不同最恶劣条件下的测试结果大相径庭，所以很难让他们做出相关的决定。”

正如大家所看到的，这些条件可以认为是最恶劣的，那些条件似乎也是最恶劣的。

你可能倾向于对电源每一种工作条件都进行测试。出于时间和经济方面的考虑，你必须做出一定的取舍。你可以将几种最恶劣条件的参数进行组合，形成一个新的最恶劣条件。如果系统可以满足这个最恶劣条件，我们就不需要对其他的最恶劣条件进行测试。

这个方法可以大幅减少热测试的人力和物力。但是你如何确定最恶劣条件中应包含哪些恶劣条件？这主要取决于你的测试目的。

Don 关注的是变压器是否满足它工作环境温度的限制。他的测试其实是浪费时间，元器件的额定环境温度是无法用来评判元器件能否正常地工作的。因为没有元器件局部环境温度测试方法的定义，所以你无法确定变压器周围的温度是否超过 70℃。

Smith 博士的安规测试超出了电源的工作范围。安规测试并不关心变压器的功能和长时间工作的可靠性。它们只是为了确认故障引起电流变大是否会造成

⊖ 1ft = 0.3048m，后同。

起火和电击危险。除非出现电流短路，否则与安全相关的最恶劣条件不会发生。所以，不应该将与安全相关的最恶劣条件用于评估元器件是否满足热设计要求。

Will 和 Penny 选择了一些相对真实的最恶劣条件。电源不得不对满负载的光纤接口系统提供电流。这个电流是电源的一个设计参数。Will 考虑了两种同时出现的恶劣情况，即电源满负荷工作和最高环境空气温度。Penny 比 Will 多增加了一个恶劣条件，即系统冗余的电源失效。这就使另外一个电源的负载变得更大。这样合理吗？也许是合理的。可能即便在 50℃ 的环境空气温度和一个电源失效的情况下，仍然要求光纤接口系统保持工作。以便客户有足够的时间修复失效的电源。

如果一年之后某个家伙想为光纤接口系统采用更大功率密度的插板，由此需要更大的功率输入，此时又会出现什么情况？目前电源对光纤接口系统的输出电流为 37A，但它的额定值为 50A。这就是为什么 John 要对额定情况下的电源进行测试。他需要确信电源可以在 50A 的额定电流下正常地工作，说不定哪一天电源就会工作在这个条件下。之后他又增加了另外一种同时发生的恶劣条件，将电源的输入电压减小为额定值 42V。他将许多恶劣条件组合在一起形成了一个完美的最恶劣条件：最大负载、最高环境温度、最小输入电压。但这也确实是电源实际工作中可能出现的情况。

Maureen 考虑了更多的恶劣条件。她考虑了高海拔散热的影响（在高海拔地区，空气密度变小，电源散热性能下降）。这个高海拔值在电源说明书中有注明，并且增加电源的负载使其工作在电流的极限值。也许高海拔所带来的散热影响应该被考虑，但电源的负载超出了正常额定容量很多。Maureen 假设了一种不可能出现的情况，电源即位于派克峰（美国落基山脉前岭山峰）的山顶，又处于 50℃ 的高温下。这不属于实际的最恶劣条件。

我的观点（这里之所以说观点是因为没有明确的最恶劣条件定义）是 John 的测试相当不错，并且具有相当的实际意义。最恶劣条件中包括了对变压器温度产生影响的几种情况。我们必须记住，如果我们设计的电源需要满足在所有恶劣条件同时出现时正常工作，那么这个电源将具有很大的冗余设计，这会增加它的生产成本。John 的测试结果显示输入变压器的绕组温度为 118℃，这符合绕组工作温度限制 130℃。

确定一个恰当的最恶劣条件有时也是一种赌博。你必须清楚同一时间会出现哪几种恶劣条件的组合。以电源作为例子，Penny 假设三种恶劣情况同时出现：电源满负载工作，有一个电源失效和环境温度为 50℃。绝大多数的时间两个电源一起工作，共同承担负载。绝大多数时间环境温度是 25℃ 或者更低。一旦某个电源失效，立刻会有警报器提醒客户进行维修。电源产品说明书中注明50℃为最高环境空气温度，但并不意味着电源一直工作在这个温度条件下。电源在一年中可能仅仅有三天的工作环境温度为50℃。这三种情况同时出现的可能性非常小。

所有恶劣条件同时出现形成最恶劣条件的概率很小，因为这些恶劣条件都属于独立事件。

我举一个发生在公司其他部门的例子来进一步解释。Judy 遇到了一个罕见的最恶劣情况。她设计的产品被用在美国通信数据中心。这些数据中心的环境条件说明书由 NEBS（由 Telcordia 公司制定的网络设备配置标准）工业标准确定（关于更多通信标准的内容可以参考本书第 7 章）。

Judy 在电信行业就是一个菜鸟。她想要我帮她用 NEBS 中的温度限制来确定这个新的 ODDC 的温度要求。我向她解释：根据 NEBS 标准，数据中心通常的温度为 25℃，主要是因为这些数据中心都在室内，并且配备了空调系统，只有在大楼空调系统故障等少数条件下才会使数据中心的温度达到 50℃。

Judy 问我："在同一时间内会有多少数据中心的温度同时达到 50℃"。这对她而言非常重要，因为这些位于数据中心的光学元器件最后被串联在一起。光学元器件对于温度又非常敏感。如果整个光学元器件链上的一个数据中心温度为 50℃，通过光学元器件的信号就会有部分衰减，但还是可以进行信号传输。但如果所有数据中心的温度同时上升到 50℃，通过光学元器件的信号会急剧衰减，使整个通信网络陷于瘫痪。

对于多个数据中心环境而言，并没有相关的工业标准。这些数据中心几乎可以认为是相互独立工作的。如果需要了解真实的最恶劣条件，你不得不采用概率统计。通信网络在同一时间有超过一个数据中心的温度达到 50℃的概率有多少？对于一个具有两个数据中心的简单通信网络，假设随机的空调失效率为 1%，则两间数据中心同时处于 50℃空气温度的概率为 1/10000。这个数字看上去似乎很低，但还不足以满足通信行业标准对于网络正常工作的要求。

不仅如此，某些时候空调故障也并非是独立事件。假设你的网络系统位于美国的东南部，地区性的热流引起的大范围电力设施故障发生的概率是多少？这几乎每年夏天都会发生一次，这种单原因事故会引起这一区域内所有数据中心的温度达到 50℃。所有的数据中心都配备了电厂和发电机来保证重要的系统持续工作，但一般无法满足空调运行的电力需求。即便在这种情况下，也希望通信网络能良好地工作，所以必须考虑到光学元器件实际的最恶劣条件。Judy 也不得不重新考虑光学元器件的散热设计。

用传说中的民间小调“工程布鲁斯”来总结本节再好不过了。如果你不知道曲调，想象一下 Don McLean（美国纽约民谣摇滚歌手）《American Pie（美国派）》那慢悠悠的节奏：

产品设计评审马上就要进行了，
撰写一份清楚和细致的测试计划。
选择合适的测试时间和地点，
了解产品真实的最恶劣工作条件。
为了能进行最后的产品热测试，
最好的就是最恶劣的，最恶劣的就是最好的。

1.2 可靠性测试

当我还在纽约布法罗的圣·尼古拉斯小学时，我就认为老师们之所以对我们进行测验，是因为他们恨我们，并且想让我们遭受折磨。教堂里的修女告诉我们遭受折磨可以净化人的灵魂，她们一脸虔诚的表情，仿佛表露出她们的灵魂已经相当纯洁。

我妹妹 Mary 认为测验的目的是为了了解我们对知识的掌握程度。我父亲（一名专业工程师）认为测验是区分好坏学生的一种方法。Starch 校长曾经说，测验是一种评估方法，用以评估老师给我们灌输有用知识是否成功。例如，“further”与“farther”的本质区别这类知识。

似乎测试的目的取决于你的观点，如何制定一个合理的测试取决于你的测试目的。举例来说，如果学生测试的成绩用来评估老师的工作业绩，那么老师会如何编造问题和答案？

Teleleap 公司内部测试工程组与硬件研发组之间存在一些小的摩擦，我也被他们叫去火上浇油。我带着我的热设计工具急忙赶到公司。

争论的焦点不是围绕着一具无名尸首，而是一块损坏的 HBU⊖ PCB。这些线路板在工厂进行可靠性测试期间开始不明原因的大批量失效。这个可靠性测试是将一个装有 HBU 系统的机柜放在像车库一样大小的50℃恒温箱中运行24h。

⊖ HBU 是 Teleleap 公司内部的缩写，它代表了人类大脑单元（Human Brain Unit）。它如同 Teleleap 公司一样是虚构的。

开发 PCB 的硬件工程师以毋庸置疑的口吻宣布，PCB 的损坏是由于散热的问题引起的。2V 电源中的一个二极管变得很热以至于出现热击穿的现象，从而引起了输入端熔断器烧掉。他可以通过加热枪（一个超大号的电吹风，它的主要用途是将涂料从墙面上剥离）对二极管加热，轻易地重复二极管的失效。但令人难以解释的是，他曾经将 PCB 放在自己实验室 50℃环温下测试，从来没有出现过失效的情况。所以他用手指着测试工程师说："你们的可靠性测试一团糟。很明显过高的温度造成了模块失效。你们的恒温箱应该好好检查一下了。"

测试工程师可不是省油的灯，"嗨，伙计，我们的恒温箱有一种昂贵的部件来控制它的温度不超过 50℃。看一看这些温度数字显示屏。只要这些数字是对的，那么恒温箱就不会有问题。恒温箱不会加热你的 PCB。PCB 上的熔断器一直烧掉，肯定是你的 PCB 有问题，仔细检查一下吧。"

在激烈的争吵中，他们向我提供了一个重要的线索：在使用新的并且经过改进的恒温箱之后，PCB 的过热问题才出现。

我好奇地问："改进了恒温箱？"

"是的。"测试工程师说，"你有没有看见这些 20ft 高的恒温箱，恒温箱的正面具有车库门一样大的门。这些都是旧的可靠性测试恒温箱。内部的加热器和风扇将空气温度提升至 50℃。它们存在的问题是内部空气温度呈阶梯变化。由于空气受热向上移动，在恒温箱底部空气温度为 40℃，在中间位置可能是 50℃，而在恒温箱的顶部可能是 60℃。这并不是一个公平的测试，因为在恒温箱底部 PCB 周围的空气温度要低于恒温箱顶部的 PCB。这些旧恒温箱中的风扇流量只有 300cfm[⊖]。为了在新的恒温箱去除这种不利因素，我们在其中放置了一个额定风量为 3600cfm 的风扇。"

我继续追问："HBU PCB 的失效仅仅发生在新的恒温箱中吗？"

"是的，几个月以前，HBU PCB 就在旧的恒温箱中通过了测试。"测试工程师回答。

这使我迷糊了，这些 HBU PCB 是通过自然对流来进行冷却的。给我们的感觉是风扇只会使恒温箱内的元器件温度更低，而不是更高。我曾经在恒温箱中遇到相类似的情况（参见《Hot Air Rises and Heat Sinks》一书的第 3 章）。

我有一个猜想来解释为何一个更大的风扇会引起一个散热问题。可能当恒温箱加热线圈突然开始工作，温度非常高的空气（超过 50℃）直接被吹进 HBU 系统内部。为了验证我的想法，我将一个 HBU 系统放在一个新的恒温箱中，我

⊖ cfm 表示立方英尺每分钟，后同。

在曾经出现问题的二极管上放置了一个热电偶，并且在 HBU 的空气入口处也放置了一个热电偶。之后，我们将恒温箱的温度设为 50℃。

第二天早晨，我在进行检查时发现 PCB 已经失效，但温度记录显示 HBU 入口处的空气温度始终没有超过 52℃。我的加热线圈猜想就介绍到此。

我们都知道 HBU PCB 放在 50℃有风扇的恒温箱会损坏。我非常好奇它是如何在自然对流情况下进行工作的，自然对流的情况是 HBU 的工作条件。所以我们打开了恒温箱的门，在室温和风扇以及加热器关闭的条件下运行 HBU 系统。HBU 的 PCB 工作状况良好，二极管也达到了一个稳定状况，没有出现任何潜在的散热风险。在自然对流条件下，最终二极管的壳温比环境温度高 18℃。似乎一切都还可以接受。

我和测试工程师在恒温箱前冥思苦想。我们甚至打开恒温箱内的风扇，亲身体验了一把空气流动的状态。空气的流动比较剧烈，以至于贴在 HBU 上的标签都吹了起来。

我问测试工程师："如果不是热气的原因，那么就可能是高空气流速的原因，可能所有的空气涡流都出现在这个地方，空气实际反向通过 HBU。"

测试工程师说："我们可以做个尝试。让我们打开风扇，但不开启加热器。"

这个想法找到了问题症结所在。我们关闭了恒温箱的门，并且开启了额定流量为 3600cfm 的风扇。之后，我们注视着二极管的温度。令我们惊讶的事情发生了，即便没有热量被加入到恒温箱中，但二极管仍变得很热。最终，二极管的温度比环境温度高 26℃，比风扇不工作时高 8℃。其实风扇破坏了 HBU 的自然对流散热。当我们关闭风扇之后，二极管的温度下降到比环境温度高 18℃。

在事情结束之际，我整理出以下结论。

1. 新的可靠性测试恒温箱存在问题

如同 Aeolian[⊖]一样剧烈的空气流动使恒温箱内部空气温度变得更加均匀。HBU 入口的空气温度始终保持在低于 52℃，这不会引起 PCB 产生过热的问题。但无序的空气流动破坏了 HBU 原有的自然对流散热形式，使一些元器件的温度变得比正常情况下更热。我并不能确定这种现象产生的原因，但我猜想这种情况与电影《Twister》的某个情节比较类似，当龙卷风破坏力度大到足以摧毁车库、撕裂栅栏和卷起牲畜，但它不会弄乱 Bill Paxton 和 Helen Hunt 的发型。

2. 如果恒温箱会使 HBU 系统工作条件变得更糟，那么这也可以认为是 HBU

⊖ Aeolian 一词来源于希腊神话中的风神。其实我本意想说 Herculean（希腊神话中的大力士），但因为他无法移动空气，所以我从事文学工作的妻子坚持认为应该是 Aeolian。

系统设计的薄弱环节

快速流动空气会使二极管的温度比正常情况下高 8℃。这足以使它在最高环境温度下产生失效的问题。HBU 的 PCB 满足它的工作要求，但 8℃ 安全冗余并不大。一个可靠的产品应该在可能出现热击穿和正常工作范围之间具有一个比较大的缓冲空间。幸运的是，这块 PCB 已经被重新设计，那颗引起 PCB 失效的二极管也没有出现在新的设计中。

一个公平的测试环境：

- 谁才是这次摩擦的责任方？是 PCB 的设计失误，还是可靠性测试的不公平？这主要取决于所谓的可靠性测试的目的。
- 当测试工程师问我应该如何改进恒温箱，从而使其更合理时，我的回答是："合理？你想恒温箱起到什么作用？"
- 它被称为可靠性测试或者说老化实验。老化实验的目标是对系统施加压力，从而加速产品失效，以至于产品的失效在工厂时就出现，而不是发生在客户收到产品之后的几天内。但我们的老化实验的温度为 50℃，并且持续的施压往往只有几天，这都是系统正常的工作范围，所以不存在应力，没有失效地加速，更不会减少早期失效率，所以这样的测试并不会增加产品的可靠性。
- 一些人说：测试的目的是去证明我们设计的系统能在 50℃ 环温条件下工作。如果那是我们真实的目的，我们构建一个能模拟自然对流的恒温箱，所以我们不能通过风扇来减小或者加大元器件所受的应力。
- 研发工程师有一个合理的期望，那就是可靠性测试不应该使任何 PCB 在满足工作条件的情况下失效。如果它设计能在 50℃ 环温下工作，那么它就应该通过这个可靠性测试。
- 测试工程师指出，常规的可靠性测试发现许多 PCB 在 50℃ 时无法工作。即便他们通过了所有室温下的功能测试。如果需要防止 PCB 出现这种情况，那么我们为什么将可靠性测试的温度设为 50℃，也许我们将温度设为 55℃ 或 60℃，会更容易判断 PCB 是否出现这种情况。或者通过风扇来破坏 PCB 的自然对流散热，也是确定电路板设计薄弱环节的一种方法。
- 可靠性测试最吸引人却又最无用的目的是我们可以告诉我们最大的客户，我们将可靠性测试作为我们质量保证流程的一部分。在几年前，我们向他们承诺我们会对每一个系统进行老化实验，即便我们没有数据表明，老化试验可以提升系统品质或可靠性或者如何降低系统的失效率。现在，我们仍坚持进行可靠性测试。除非有其他更好的测试可以做，否则可靠性测试还要进行下去。当然，一些其他更好的测试可能需要更高的花费。我想只要具有达到 50℃ 环境温度的恒温箱都可以满足可靠性测试的要求。

至此，一个难题（二极管过热）已经被解决了，但一个更大的难题依然存在：什么才是可靠性测试的目的？我又开始思考如何使恒温箱更合理。

1.3 五指测温仪

我要使人们确信高温对于电子设备有很大危害，这仅仅是我工作的一部分，我还需要告诉人们如何测量温度。这次的问题源自一个来自澳大利亚的电话。在这之前，我也收到了一封来自布鲁塞尔的邮件和德克萨斯州拉伯克的传真，同样是关于这个问题。此外，我还从 Teleleap 公司收到以四种不同语言描述的这一问题。

“我是你朋友 Herbie 的叔叔 Reggie，我从悉尼的销售办公室给你打电话。我和一位现场安装主管一起工作，他说他遇到了一个放大器机柜的散热问题。我希望你能给我们一些好的建议。”

我向他询问了一些细节，诸如放大器的详细情况，现场安装和环境状况（以判断是否需要我亲自去一次）。Reggie 解释放大器是将手机中的速记文本转换成真正文本（例如将“CU4 dinner B46，H8 Cfud”转换为“See you for dinner before 6 P. M. Remember，I don’t care sea food”）。之后，当他用丰富多彩的隐喻描述当地气候的时候，我已经在寻找我的文件了。

我说：“我已经找到了这个产品相关的数据报告。你需要告诉我，你们所指的散热问题具体是指什么？”

Reggie 严肃地说：“现场安装主管说客户经理认为放大器运行时有点热。所以安装工人进行了仔细检查，并确认放大器是过热运行。”

我随声附和：“这听起来似乎并不好。但是否发生了什么？例如 PCB 烧毁？系统功能丧失或者出现错误？环境温度是多少？现场的空调是否存在故障？”

“具体的情况我也不是特别清楚。”Reggie 说：“起初大量的 PCB 出现故障，我们将问题归结为温度过高。但事实证明我们搞混了内存的固件。在将这个问题解决之后，PCB 工作状况一切良好。自那之后没有一块 PCB 出现故障。唯一遗留的问题就是过热。”

我问：“但如果放大器机柜运行良好，现在还存在什么散热问题？有人测量元器件的温度吗？”

“测量？”Reggie 说：“客户经理将手放在放大器机柜前面板顶部，并且感到很热。之后，我们的安装工人也进行了同样的动作。他同样感觉到非常烫手。他们都认为过热会对电子设备造成损害，正如同美国的电视节目会伤害你的脑细胞。他们非常担心过热问题会缩短放大器的使用寿命。

“他们用手测量温度？”我说，“他们使用的是右手还是左手？”

“什么？左手或右手？这个我并不清楚。”

我说：“这非常重要。可能在澳大利亚并不存在差别，但在美国我们使用左手测量摄氏度温度，使用右手测量华氏度温度。”

之后，双方陷入了很长一段时间的沉默。我猜想 Reggie 肯定是在看他的双手。最后，他说：“你开我玩笑肯定是有原因的？”

是的，我说：“首先，包括手在内的身体任何一部分都不适合用于测量温度。其次，即便放大器机柜摸上去很烫，但它也有可能处于正常的工作状态。除非你告诉我，当他们将手放在机柜的金属门上时，他们的手给烙上 Teleleap 公司的标志。你知道，这就像《Indiana Jones》中的纳粹在火中抓住埃及青铜徽章。如果他做到了，他是否可以看到隐藏在徽章背面的撒旦留言？”

“他说将手放在机柜门上时，感到令人不舒服的热，但没有被灼伤或出现魔鬼的咒语。”

“基于金属柜门没有灼伤他的皮肤和他没有鳄鱼皮一样的肌肤，我估计机柜门的温度大约为50℃，甚至更低。这会使接触柜门的人感到非常暖和，但这并不意味着放大器会感受到特殊的应力。元器件的表面温度可能是90℃，但仍处于它们正常工作温度范围之内。”

Reggie 沉默了半晌说：“所以我们可以告诉他们，我们的散热专家说即便用双手摸上去比较热，但产品的散热可能没有问题。产品的可靠性不存在任何问题。”

“告诉他们，用手触摸柜门不足以判断产品是否存在散热问题。产品可能很热，但产品可以良好运行，产品也可能不热，但产品无法正常工作。基于我们对温度测试的结果，如果他们按照产品手册使用合适的挡板安装机柜，并且将环境温度控制在我们产品手册的规定范围之内，则元器件的温度比较低，足以保障产品的可靠性。如果他们还是有所担心，我可以建议他们在某些点进行温度测量，并且与我的实验室测试数据进行比较。”

Reggie 说：“大师请耐心一点。你所说的解释和保证，正是他们所要的。我不认为他们会采用任何仪器进行温度测量。如果我们的想法发生改变，我会及时和你沟通。”

那就是“散热问题”的结局。我再也没有收到 Reggie 叔叔的来信。我不能确信为什么，但对我而言用五个手指来检测是否存在散热问题的人永远都不想去精确测量产品元器件的温度。可能他们对童年时医生用的温度计存在心里阴影，所以再也不想接近温度测量仪。

以下三个原因解释了为什么手是一个非常糟糕的温度测量仪。

1）缓慢的响应时间。有多少次你从火炉中取出某物，当你的大脑意识到很烫时，你可能已经被烧焦。通过触摸的方式判断物体是否过热是不安全的。

2）很难校准。你的皮肤对温度的改变非常敏感，甚至1℃以内的温度改变，也会有所察觉。例如你可以感觉出在你之前图书馆木椅上的人坐了多久，问题是你并不清楚具体的温度是多少。甚至像我这种经过训练的手也不能将温度预测准确度控制在±10℃之内。所测温度与你所处的室温差异越大，则用身体的某个部分预测温度的准确度越差。

3）错误的温度测量"工具"。实际上，人体皮肤内的神经对温度并不敏感。它们只是对热流敏感。神经就如同路况报导员观察每一条路上的热流动和热量。当你拿起一杯热气腾腾的咖啡，这杯咖啡的温度要比你的体温高，热量会进入你的手心，你的神经看到热流向手心流动，并且说"这样太热了"。当你拿了一个冰激凌，热量从你的身体进入到冰激凌中，并且会说"嗨，太冷了"。这就是通常判断温度的方式。但它非常容易出现差错。举例，回想一下常见的伊利诺伊州（美国中西部的州）的春天，当你扫了三个小时的雪，你的手如同餐后洗碗后一样麻木。你将双手放在冷水下冲洗。冷水感觉很热，似乎要灼伤你的皮肤了！实际上，你手的温度比冷水更冷，所以热量进入到你的皮肤，你的神经将其视作危险——热水来了！并且伴有一两声尖叫！

在下面的一个小实验中，也存在类似的情况。用手抓住金属门把手，感到比较冷。用手抓住木门，感觉没有金属门把手冷。但它们的温度均为室温。金属门把手是很好的导热材料，所以很容易将你的热量传递出去。神经系统将其视作冷或温度低。当你抓住绝热材料木头时，很少有热量被传递出去，很少的热量流失，所以神经系统将其视作为不冷。当一个测温仪测量的温度竟然与被测物的材料相关，这个测温仪能靠谱吗？

这使我回忆起公司标志灼伤手掌的事情，金属比塑料感觉更冷是一种错觉，同样当你坐在大理石椅上要比坐在沙发上更冷，也是一种错觉。你所接触材料的热导率会影响你用身体某个部分测量温度的准确性，表1-1为来源于电子行业安规标准。我并不清楚他们是如何得到这些数据的。请遵从你们具体应用的安规标准。

表1-2可以使你对材料热导率有一些感性的认识。

表 1-1　一些材料可接触的最大允许温度

可接触部分的类型	最大允许温度/℃		
	金　属	玻　璃	塑　料
短时间接触的手柄和把手	60	70	85
长时间接触的手柄和把手	55	65	75
可能被接触的产品外表面	70	80	95
可能被接触的产品内部物体	70	80	95

表 1-2　一些材料的热导率变化范围

金属（高）	玻璃，石头（中等）	塑料，木头（低）
50 ~ 400W/(m·℃)	1 ~ 5W/(m·℃)	0.1 ~ 0.8W/(m·℃)

这些表格对电子设计工程师有以下三方面的好处：

1）你可以通过让某个人将手放在物体的表面，同时仔细聆听是否有烫伤的“嗞嗞”声，以这样一种粗暴的方式测量物体表面温度。

2）作为你今后产品的一个设计限制条件，以确保你的客户不会受到伤害。

3）它们有助于降低新型电子烙印器的工作限制。当身体穿孔的风潮减弱，我预测烙印设计将会大受欢迎。一台可以在人体皮肤上烙上你喜欢图形的机器（就如同点阵式打印机）将使你大发横财。

1.4　注意热电偶的类型

我被一扇没有门牌号实验室内的熏肉香气所吸引。这股香味促使我不顾闲人免进的标牌，穿过了许多测试机架和机柜之后，看到了一个神秘的无人看管的实验台。实验台上放着一个玻璃圆顶的锃亮金属盒，就像一个 Sharper Image（美国著名零售连锁店）产品目录中的电子蛋糕保护盒，泡沫被轻轻地挤出圆顶并且破裂。

之后，吸引我眼球的是一个如同时钟收音机大小的设备。这是我六个星期前丢失的热电偶式测温仪。正当我想一把抓起它夺门而出的时候，我注意到了一件奇怪的事情。

“啊？”我看见 T 型热电偶线时不免大吃一惊。我一直使用 J 型热电偶，而就在这里，我心爱的 J 型温度仪却接着罪恶的 T 型热电偶。我将热电偶测温仪轻轻地放在蛋糕保护盒旁边。培根的味道从圆顶下方散发出来，就像这捆 T 型热电偶线从中伸出来一样。

“嗨，伙计。”背后的一个声音吓了我一跳。

我转过身，作一脸无辜状。“嗨，Herbie。你在烹饪什么好吃的？”

他说：“这是 HBU 设计的又一个阶段。”

“真的吗，Human Brain Unit？那个心灵感应术电话项目还在进行？”

“是的，不过你要保守这个秘密。”UPCHUCK（通灵者、透视者、顺势医疗论者、不明飞行物研究家、脊椎推拿治疗者和基里安联盟）并不是只想将大脑放入到盒子中做实验而已，他们是想通过这个研究来控制人类。

“你是如何使整个心理学团队保守秘密的？如果他们真的想……”

Herbie 提起玻璃圆顶，露出粉红色的一团物体。熏肉的味道变得更加强烈。他说：“这就是我们现在真正的问题。我们现在正在研究人脑与设备的连接。”他用不戴手套的手将这一团物体提起，发出了一种类似充满汗水大腿提离塑料汽车座椅的声音。

“那是一个真正的大脑？”我问。

“是的，但不是人脑，并且不具有生命。它来自于一头猪，仅仅是一个标本。如果你认识美国联邦政府内有权力的人，你可以从那获得许多这样的东西。实践证明，猪脑和人脑一样具有思维功能，但其受性欲和食欲的影响程度比人类的小。不管怎样，我正尝试去获得这个我们称之为 BGA 的大脑网络阵列的温度。”

Herbie 指着大脑下方的电路板。在它上面是几排黑色方块元器件，每一个元器件都具有网格状竖起的引脚。热电偶被连接到其中的一些元器件。

“这些引脚与大脑相连？”我问道，并且因为害怕而本能地后退了一些。

它们是网络电子设备和 HBU 神经网络的连接器。这个大脑在这个钉床上舒服地休息。问题是消除电路不得不在 2GHz 下运行，以至于这些元器件在钉床上略微显得热。我们必须将 BGA 温度控制在 60℃ 以下，否则我们就是在烹饪 HBU。这也就是我们为什么要进行温度测试的原因。”

我问：“你是从哪里得到这些热电偶线的？”

Herbie 说：“我从一个废弃的测试机架处获得这些热电偶线，这个测试机架位于收发室旁的地下室中。我在我桌子下一盒旧 PCB 中找到了这个热电偶测温仪。你为什么问这些？”

我说：“你马上就会得到答案。”

Herbie 将大脑放回到圆顶下面，之后给我看温度读数。他说：“非常奇怪，最热的 BGA 仅仅为 53℃。但即便它们没有超出正常工作的温度限制，你也可以听到大脑由于过热发出“咝咝”的声音。你有大脑热特性的手册吗？可能我们的大脑出现了一些问题。”

我说："我会告诉你谁出现了问题。仔细看一下这些热电偶线。每一对热电偶线由蓝线和红线组成。这是 T 型热电偶线的标识。但你却将它们与一个标定为 J 型的热电偶测温仪相连。所以，你所说的温度读数都是错的。"

"你确定吗？我一直认为 J 型和 T 型，仅仅意味着这些线适用于不同的环境，譬如 J 型线用于水下测量，T 型线用于室外测量。我甚至在使用它们之前进行了检验。在室温下，它们所测的数据与墙上科研级精度温度计的读数相一致。"

我解释说："室温不能用来校准热电偶。请牢记热电偶的工作原理。当热电偶两端存在温度差，热电偶两端就会产生电压，电压值与热电偶两端温度呈线性关系。所以当热电偶处于室温状态时，其两端没有温差，所以热线偶中也不会产生电压。当所有热电偶两端都没有温差时，它们具有相同的表现，所以你不能使用室温读数来区分它们。夸张一点说，你甚至将一根金属线连接到热电偶测温仪都可以得到正确的室温。"

Herbie 看起来已经犯晕了。"热电偶测温仪是如何工作的？"

"热电偶测温仪的工作原理对我们而言并不复杂。其内部有一个测温仪自身温度的传感器并且电表读取热电偶线中的电压值，将其转换成温差，之后将得到的温差加上测温仪的自身温度。如果热电偶线读取的电压值为 0V，则测温仪实际的温度就是 0℃温差加上电表自身的温度值。"

Herbie 说："我明白了，但是 T 型和 J 型热偶线的差异有多大呢？是不是两者仅仅是单位的不同，就像长度单位制中的'米'和'码'？"

"让我来看一下。"我从口袋中拿出了 ASTM（美国材料和试验协会）推出的电热偶使用手册。

Herbie 的实验室室温为 25℃。BGA 的温度读数为 53℃，假设热电偶测量得到的两端温度为 28℃（见图 1-1）。注意，热电偶仅仅测量了其两端的温差，在我们这例子中，热电偶两端的温差为 BGA 和电偶测温仪的温度差，测温仪温度也就是室温。当一个设定为 J 型热电偶测温仪的读数为温差 28℃，则意味着得到的热电偶电压为 1.4mV。对于 T 型热电偶线而言，1.4mV 的电压意味着热偶线两端温差为 36℃。其加上室温后，可以得到 BGA 真实的温度为 61℃。

Herbie 抱怨道："61℃！这个温度超出其正常工作的限制。毋庸置疑这个大脑开始受到烧烤了。现在，我不得不对其他的温度测试结果都增加 8℃。"

我说："不一定增加 8℃。随着热电偶两端温差的增加，混淆 T 型和 J 型热电偶线带来的误差也会更大。如果你温度测试的最大值为 200℃，由此，产生的误差可能会有 30℃。我们不需要修正所有错误的测试数据，通过使用红色和白色线组合的 J 型线就可以帮助你解决问题。"

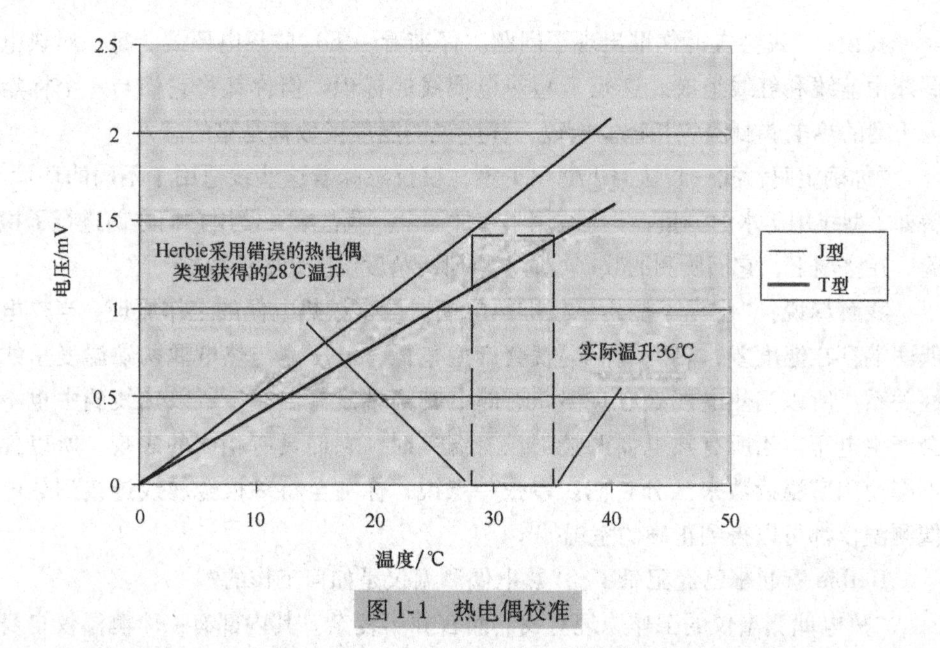

图 1-1　热电偶校准

Herbie 摇了摇头。这个大脑的边缘处正在变成金黄色。“太可恶了，热电偶线对于自己的类型没有做任何标识。它们的类型多得使我无法分辨，我到底该如何来区分它们？另外，热电偶测温仪判断也是一个问题。哪里可以确认热电偶测温仪适用何种热偶线？我确信其背面的标签是最新的，但这对我而言并没有什么帮助”。

我拿起热电偶测温仪。“你说的有道理。测温仪背面的标签注明这个测温仪只适用于 J 型热电偶，并且在标签右边留有我的名字和电话号码。难道你没有注意到这些？表 1-3 有助于你区分热电偶线，所以当你接电热偶线要非常小心。”

表 1-3

类　型	颜色标识	金属组合
J	白/红	铁/康铜
K	黄/红	铬/镍
T	蓝/红	铜/康铜
E	紫/红	铬/镍
R	黑/红	铂铑/铂

热电偶的类型非常多，但 J、K、T 型是我们所最常见的几种。但需要注意这些颜色标识，仅仅是美国和加拿大的标准。欧洲至少有四种不同的颜色标识方法。日本的标准介绍说，他们所有型号的热电偶都是白色与红色组成的（并非开玩笑）。另外，不要将电热调节器、铂电阻温度探针与热电偶搞混淆了，即

使它们看上去很相像。

热电偶测温仪也非常重要。一些测温仪会清楚地标识其匹配的热电偶线。有一些需要你自己设置相匹配的热电偶线类型。还有一些需要你通过软件输入温差与电压关系曲线。最好的热电偶测温仪（同样也是最危险的热电偶测温仪），内置了各种热电偶温差与电压关系曲线。你可以方便地进行选择。

自从有一次 Herbie 的主管在测试期间摆弄热电偶测试仪开始，我再也没有将我的热电偶测温仪借予任何人所用。记得当时他也不断地切换着测温仪中匹配的热电偶类型，直到有一个他感觉满意的温度值出现后才作罢。

我问："你准备新的热电偶需要多长时间，以便你可以继续进行测试?"

他沮丧地坐了下来，手托着下巴。"我不清楚，情况似乎很不好。我们可能无法继续进行实验。"

我不清楚是否可以将"这次实验称为失败"。我试探着说："是否有所收获?"

1.5 排列组合增加职业安全感

Herbie 给我看了一个新机架的草图（见图 1-2），这个新机架用于连接人类大脑单元。"它被称为心理学模块交换机架。"Herbie 说："它可以让符合四种通信标准中任意一种的插板插入到我们的脑电波通信系统中"。

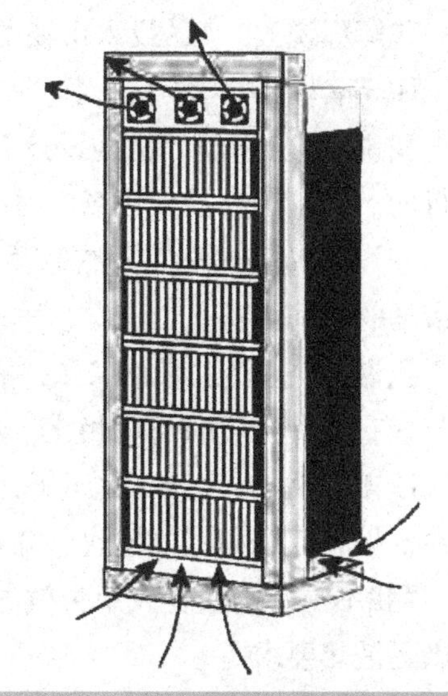

图 1-2　一个简单的机柜冷却系统，空气从机柜底部进入，通过六个模块之后从顶部风扇离开。这样一个设计方案是否真的需要百万次热测试?

我说："四种标准?"

Herbie 耸了耸肩，"是的，我们自己的标准和三个欧洲标准。所以你会有四类插板，并且任何插板可以插入到具有 16 个槽位的模块中，整个机柜有六个这样的模块。这些插板也可以进行任意的组合。当然，它们所有都必须正常工作。"

我仔细检查 Herbie 的图样，不禁愁容满面起来。我说："恕我直言，你总计有六个模块叠放在一起，它们之间没有挡板，是吗?在机柜的顶部有一个风扇盒抽风将热空气带走。所以冷空气从机柜底部进入，通过六个模块，最后从顶部离开柜体。"

他说："是的!"

我抱怨说："我猜想即便风扇盒中六颗风扇中的一颗失效了，系统也可以继续工作。"

Herbie 说："至少有人来维修风扇之前，情况的确如此。"

我继续问："你为什么这样布置模块，并且只使用一个风扇盒。"

"只有这种系统布局可以满足市场对于机柜功率密度的要求。" Herbie 说道："否则，我们的竞争对手将超越我们。"

"竞争对手？我还以为这个技术是我们发明的!" 我说。

"一旦涉及心灵感应技术，就很难保守商业秘密。此外，专利局坚持认为因为你不能对一个自然现象申请专利，所以他们无法给我们一个有关超自然现象的专利。" 他说："所以任何具有大脑的人都可以想出他们自己的版本。但你不要激动，这仅仅是一个方案设计。你可以告诉我们是否这个散热方案具有可行性。这也就是为什么我现在打扰你的原因。"

我沮丧地摇了摇头说："好的，在我看来这将是一个长期性的工作。TTM 重要吗?"

"TTM 是什么?"

我解释说："产品投入市场的时间要求（Time to Market）。"

Herbie 说："当然有要求。"

我说："从你们的机柜设计看不出有这方面的要求。这个散热设计有可能是可行的。但从产品投入市场的时间要求来看，这是一个非常差的设计。"

"哼!" Herbie 不以为然地说道："我们把风扇放在哪儿如何会影响到产品投入市场的时间呢?"

我说："这就说来话长了。首先，总共有四种不同的插板（见图 1-3），所以与只有一种插板的情况相比，热分析和温度测试的工作量要多出三倍。"

Herbie 说："没什么大不了，四个插板而已。我们只有一种模块设计，仅仅是在机柜有六个相同的模块，并不是要求机柜内有六个不同的模块。"

"我不得不确认在风扇失效的情况下，每一个插板在其最恶劣散热位置下可以满足散热要求"。

现在，因为你将这些模块搭建成了一个漂亮的烟囱，我无法预知插板最恶劣散热的位置。正如你所猜想的，它可能出现在机柜的顶部。但也许对于高功率插板而言，当其位于机柜底部时也是比较恶劣的工作环境，因为插板上部的很多大个元器件会阻碍气流流动。

"任何插板的温度都与其和风扇相对位置、插板的流阻特性和其下部模块热

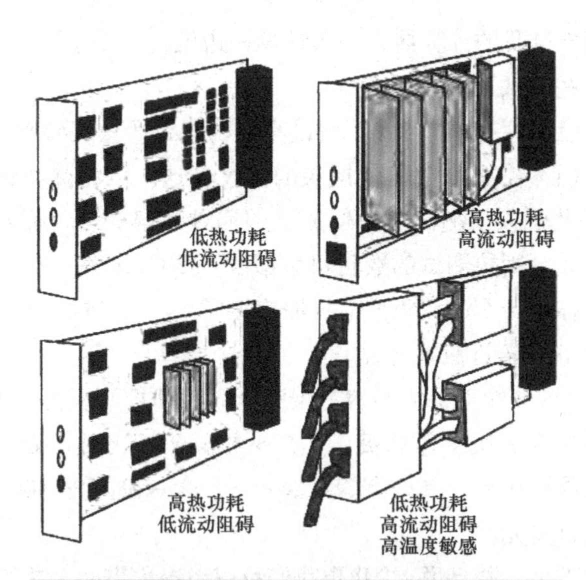

图 1-3　四种不同的插板，它们以各种方式组合之后放到机柜中，哪一个插板在哪一个位置将会存在最严重的散热问题？

损耗有关。你已经给了我四种不同的插板，其中一些具有高热损耗，一些的热损耗较小，一些又会明显阻碍空气流动，一些又不会对空气流动有影响。此外，其中一些插板上的元器件不能在很高的温度下工作。并且，你尝试将任意插板进行组合，并且放在各种不同位置。我不得不进行大量的测试以确保我能找到每一个模块的最恶劣工作条件。”

Herbie 说：“你抱怨什么！你最多的测试次数，也就是四次测试乘以六个模块等于 24 次，如果一次测试需要 1h，一天时间你也可以完成所有测试。”

我说：“我的公司要求我至少每天晚上要回家。而且，你少算了所需要的测试的数目。让我们来看一下，这四块不同类型插板可以以任何顺序插入到六个模块中，每个模块有 16 个槽位，并且风扇的失效也有六种可能，所以总计有 2359296 个热测试需要完成”。(在计算这些时，我使用了微型计算器。)

Herbie 以嘲笑的口吻说：“两百多万！不要夸大哦！你仅仅对 Judy 设计的机柜做了 682 个测试。”

我说：“是的。但 Judy 的机柜中每一个模块都有各自独立的风道和风扇盒，所以我可以对每一个模块进行独立的测试，这也将各种可能出现的情况减少到一个合理的水平。之所以要进行 682 次热测试的主要原因是，他们想对 53 种电源转换器进行热评估。”

Herbie一把抢过我的计算器，一边计算一边说："二百多万次测试。难道你不能马上减少一些测试数目吗？"

我抚摸着下巴说："可以，我们假设高热功耗，严重阻碍空气流动的模块是最热的，因此我们不需要测量其他模块的温度，这可以将热测试的数目减少到589824次。如果我们仅仅测试离槽位最近的四种风扇失效，而不是之前所说的六种风扇失效方式，则热测试的数目可以减少到393216次。但这依然会使我忙好长一段时间。你想什么时候将产品推向市场？"

"今年。"Herbie斩钉截铁地说。

我补充说："另外能否提供给我一个完全插满插板的机柜也是一个问题。通常，我只要求你提供三块工作插板，你都会推三阻四无法满足。这一次，我需要一个满负荷工作的机柜，其中有384块板子，每一块板子4000美元，总共板子的花费为150万美元。"

Herbie吃惊不小，并且说："我想我们可以考虑去借一个这样的机柜。"

"去借。"我说："我认为不大可能。我们测试这样的机柜需要很长的时间。毕竟，每一次，你对插板进行了改动，在确认这个方案改动之前，我们都需要一个平台去测试其热性能。如果你尝试使用一个廉价的稳压器，有可能我们需要重复393216次测试。伙计，我想我们应该申请三个测试员和一个更大的实验室！不知道你的项目主管是否能提供这些资源？"

"但我们的竞争对手是如何做的？"Herbie问："他们难道不做二百多万次的热测试？"

我说："我们能否知道他们的功率密度？"

他说："有人从他们的网站下载了一张经过渲染处理的机柜图片，要用放大器才能看清机柜的前面板。"

我提议："这样如何，在机柜中使用更多的风扇盒和一些挡板。我可以处理两个模块的机柜。另外，我们不在机柜图片中显示出这些设计。"

"但对你而言，所有的这些测试难道没有增加你的职业安全感。"Herbie说。

我说："有可能在我进行第289125个测试的时候，公司就倒闭了。"

1.6 热功耗随温度发生变化

Herbie叫我去他的实验室。他的朋友Curly、Stretch和Odie鬼鬼祟祟地围在他的台子旁。他们试图掩饰这是一个圈套，而我则是这个圈套的目标老鼠。

Herbie 指着台子的中心说："这就是我的诱饵，我是说这个电路板，我想让你看看它。"

"它看上去非常眼熟，"我说，同时我看着这个有支架、PCB、胶带和乐高计算器的样机。

Herbie 拿出一份我的温度预测报告，样子就如同 Perry Mason（美剧《Perry Mason》主人公）将一本汽车旅馆登记牌放在女服务员鼻子下进行调戏，并且问："你看到这个报告是否回忆起一些什么？"

我分辨出彩色温度云图是由 Therminator[⊖] 热分析软件得到的，我说："这是一块 POP（Psychic Optical Port）卡，我认为它永远无法正常工作。"在报告的结论中，我甚至写着"这块电路板的温度过高，它的名字应该改为 POP Tart（一种小甜品）"。

他的朋友们不禁窃笑。Herbie 说："我认为这一次我没有听你的话是非常明智的举动。我们至少开发创建了这块电路板。根据你的报告，我对被预测最热和最冷的元器件进行了快速的测试。得到的结果与你的预测报告完全相反。你所预测的最热元器件温度最低，你所预测的最冷元器件温度最高。热设计大师你是否可以解释其中的原因呢？"

我更加靠近台子，想看看 Herbie 可能所犯的错误。可能他又把热电偶线接反了，所以测试温度值出现了错误。Herbie 的朋友们围作一团，以防止我逃跑。

Herbie 带着讽刺的口吻说："这一次，我是有证人的，你再也不可以移花接木，将错误归结到我的身上。"

"是的，不能移花接木。" Odie 随声附和。

我说："我曾经也承认过一个错误，但最终的事实并非如此。这些元器件中哪一个最热，哪一个又最冷？"

"你说激光发射器的温度最高，1MHz 晶体管振荡器的温度最低。我上周私自从你那里拿了热电偶，根据这些热电偶的测试结果，激光发射器几乎和室温一样，但晶体振荡器的温度超过了 70℃。它烫得简直无法触摸。来，试试，将你的手指放在上面体验一下！" Herbie 说。

⊖ Therminator 是一款神奇的软件工具，它与目前电子设备内部分析空气流动和温度的软件类似。但它基于计算流体动力学（CFD）技术。如果你可以创造电子设备的三维模型，Therminator 可以求解设备内部的流体流动和热交换控制方程。它最常见的用途是预测电路板上元器件的温度，并且其后处理模块可以创建令人过目难忘的彩色温度分布云图。对于其更多的信息，可以参考《Hot Air Rise and Heat Sinks》的第 17 章。

我亲自看了一下电路板（见图1-4）。室温为23℃，激光发射器的温度为28℃，而晶体振荡器的温度为74℃。为了进行证实，我将手指轻轻地触碰振荡器的表面，确实非常地暖和。

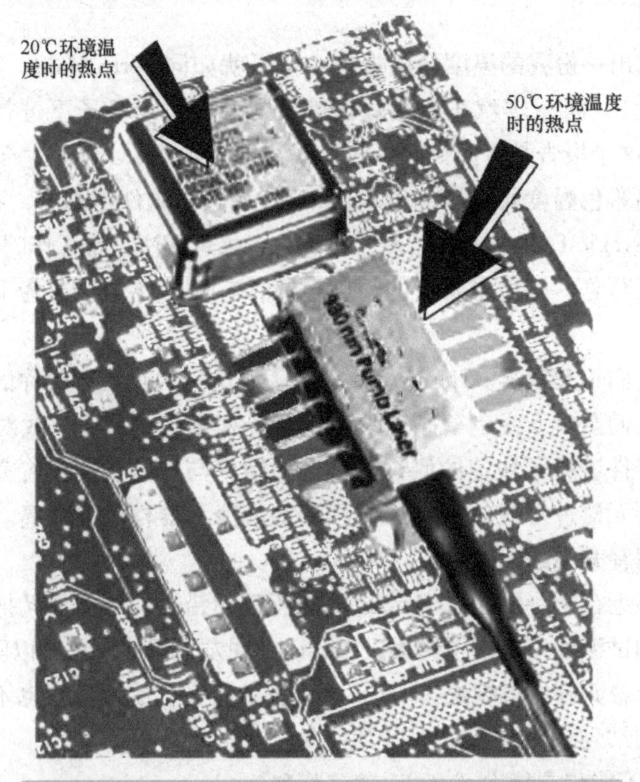

图1-4　热功耗可能随温度变化，最高温度可能随着环境温度上升而改变

“哎唷”！我畏缩的说道。“Herbie，看起来你似乎是对的。”

“是的！”Herbie耀武扬威地宣称，接着他带领着他的朋友们围绕着实验室的试验台跳起礼仪式的舞蹈。

我平静地补充说：“但这并不意味着我是错的。”

Herbie停了下来，他的三个小伙伴反应不及撞在他的后背上。“不要移花接木！如果我是对的，那么你就是错的。”他大叫。

我解释说：“你的测试结果与我的温度预测结果的工作条件不同。我的预测结果是基于最恶劣环境温度50℃，你的测试结果是基于23℃环境温度。两者的差异非常大。”

Herbie自信地笑了笑，并且说：“别和我来这一套！我知道元器件温度会随着环境温度的上升而上升。你以前亲口告诉我，如果环境温度上升 30℃，则元器件温度也上升 30℃。”

“是的，30℃！”Odie 突然插嘴说。

Herbie 对 Odie 使了一个眼色，让他不要说话，接着自己说：“我不是要与你争论元器件温度正确与否，我是认为你搞错了哪个元器件最热，哪个元器件最冷。退一步说，即便环境温度发生变化，最热的元器件温度还是最热，最冷的元器件温度还是最冷。所以你还是把事情搞砸了。”

我说：“你说的一切都是对的，除了……”我发现他们的笑容都僵硬了，“除了元器件的热功耗会随着温度发生变化。元器件的温度与其热功耗有着直接的关系。如果元器件热功耗为常数，则元器件温升是常数。如果环境温度上升，则元器件温升相应地变化。但变化的幅度与环境变化幅度相同。”

“如果你将一个廉价的功率电阻接到恒压源上。在 20℃的环境条件下，你测量得到的电阻温度为 75℃。它的温升为 55℃，根据你的论断，如果环境温度上升为 50℃，则电阻的温度为 105℃。”

“但在现实中，这个廉价电阻的电阻值会随着温度的升高而变大。在恒电压情况下，电阻越大，通过它的电流越小，而电流越小意味着热功耗越少（牢记 I^2R）。更少的热功耗意味着更小的温升，所以在 50 ℃环境温度下电阻的温度要低于 105℃。”

Herbie 看上去似乎有点焦虑，而他的朋友们正忙着在手上记下欧姆定律。“但这个激光发射器不是一个廉价电阻。它内部有一个昂贵的热电制冷器。”他说。

我说：“的确如此，当我使用 Therminator 进行热分析时，我仔细地阅读了它的产品说明书，不仅仅它的热功耗随温度发生变化，而且其内部电路会随着温度变化而改变热功耗。激光二极管的波长随着温度波动，所以无论环境温度如何变化，这个元器件温度始终被设计为 25℃。其内部有热电制冷器的目的就是使二极管输出波长为常数，一个非常有趣的伴随现象就是热电制冷器散热量要远远多于二极管。当环境温度为 20℃时，激光发射器的热功耗只有 0.5W，并且全部来自二极管。但当环境温度上升之后，热电制冷器开始工作，从而保证二极管温度等于 25℃，更高的环境温度，更多的热量产生。当达到极限情况时，激光发射器的热功耗可以达到 5W！”

“所以当环境温度像现在这样正常的话，它的热功耗非常低，其外壳温度略高于环境温度。在 50℃环境条件下（这是我预测元器件温度时的环境温度），激光发射器的热功耗增加了 10 倍，并且其外壳温度是电路板上的最高温度。”

Herbie 像鱼一样先张开，之后又闭上了他的嘴，似乎逐渐接受了这一解释。但他还是反驳：“至少你对于晶体振荡器的结论是错的。”

我边叹气边说：“在室温条件下，我的温度预测似乎是错的。但由于同样的原因，晶体振荡器的热功耗也随着环境温度发生变化。只是其温度越高，热功耗越小。晶体振荡器的自然频率随着温度发生变化，所以需要使其不受环境温度影响，振荡器内部有一个恒温器和加热单元调节其温度，使其保持 75℃ 的温度。它可以称之为烤炉振荡器，因为其始终需要保持一个较高的温度。与激光器相类似的设计原理，只是加热器比热电制冷器要便宜很多。”

“当环境温度为 0℃，加热器需要产生 10W 的热量保证晶体管的温度。在 20℃ 的环境温度条件下，其只需要产生 5W 的热量。但在 50℃ 的环境温度下，可能它需要产生 0. 5W 的热量。现在，在你的试验台上，我们测试得到的振荡器壳温大约为 74℃，这是电路板上最热的温度。但在 50℃ 环境条件下，它的外壳温度可能仍然只有 74℃。此时，它不会是电路板上温度最高的元器件。因为其他元器件的温度都可能会上升 30℃，（对于激光器而言甚至超过了 30℃）。当我进行热仿真时，我都考虑了这些因素。”

Herbie 不住地点头：“所以，如果我将这些电路板放到 50℃ 的恒温箱中，振荡器的温度将是 74℃，而激光发射器的温度将像你报告中所说的那样上升到 98℃？而非我实验中测试得到的 55℃。”

“是的，98℃。”我说：“我似乎记得当环境温度为 28℃ 时，它就无法正常工作，这就是原因。”

Stretch 低声地对 Herbie 说：“你或许应该赶在你老板向上面大老板汇报之前拦住他。他正要向大老板汇报你是如何让 POP 板正常工作的。”

Herbie 慌慌张张地冲向大厅，他的朋友们禁不住大笑。

Curly 捡起地上的热分析报告，“热电制冷器用来降低元器件温度，但它是如何做到这一点的呢?”

他指着温度云图中的微处理器，它被清楚地标识为“4℃。”

“哎唷”，我禁不住叫出声来，这是一个印刷错误，应该是 94℃。Herbie 怎么会忽视这么一个错误。

1.7 如何评估热仿真精度

这件事情发生在几年前一个下雨的星期三早上。我漫无目的地敲打着键盘，突然间一个新的应用窗口被打开。它逐渐转变成一个男人面部表情的特写。

"嗨，Kordyban"这个男人的声音从我的计算机音箱中发出。"我看见你在你的办公桌前，请稍等我一会。我会在 3 分钟之内到达你的办公室。"

在我做出反应之前，这个窗口就"嗖"一下地消失了。

Hans 出现在了我面前，肩上背着一台便携式计算机，拿着两台仪器，皮带上则系着一部手机。他一坐下来就开始翻找各种手持式数字小发明。

我问："Hans，你这是干什么呢?"

他边笑边说："每天都会有 0.087% 的增长，最重要的是你这些天在做些什么。"

"哦，我想一切还好。"我吞吞吐吐地说。

他说："你曾经在不止一个场合说你使用热仿真工具 Therminator 预测的元器件温度误差在 5℃之内。"

"是在 ±5 ℃之内，我曾经似乎说过这样的话。在产品设计阶段，我使用 Therminator 去预测元器件温度。在第一个样机制作完成之后，我会测量元器件的实际温度。如果一切顺利，测试的元器件温度可以与测试很好地吻合。"

Hans 说："我们需要一种度量的标准。你有一种仿真的方法，你也可以进行实验测试。我们现在指派给你一项工作，希望你能提升热仿真的精度。我希望你每年都能将仿真精度提高 10% 。"

我禁不住问道："每年 10% 的精度提升?"我不由得颤抖。

"这取决于你自己，我已经通过电子邮件给你发送了一个表格，在表格中你可以自己定义仿真精度度量的标准"。他说："每一年你都需要提供一些数据来证明你仿真精度的提升。"

我在计算机上浏览他给我的电子邮件。旁边有一些轻微的声音，当我转过身看时，Hans 已经独自离开。

和其他每一个人一样，那一年我特别的忙，以至于没有时间有效地将仿真精度进行提升。我需要使用一点小花招来搪塞过去。所以我将仿真精度的度量标准定义为仿真温度值和测量温度的误差百分比，其中所指的测试温度是每一个我测试产品的最高元器件温度。

$$\%\,error = (T_{\text{measured}} - T_{\text{predicted}})/T_{\text{measured}} \qquad (1\text{-}1)$$

最高温度元器件的温度通常为 100 ℃，对于仿真和测试有平均 5℃的差异，则最初的热仿真精度的误差百分比为 5% 。

那一年仿真精度的提升来自于我一个非常高明的想法，那就是将温度的单位由摄氏度改为华氏度。仿真和测试之间的差异变为 9℉（因为 5℃ =9℉）。并且现在最高点的温度为 212℉（参见"总结"，本节结尾处）。这就给了我一个 4.2% 的误差值，从而使我轻而易举地完成了每年 10% 的热仿真精度提升标准

（最初的误差为5%）。

到了下一年，我的工作更加繁忙，不可避免地再次使用小花招来搪塞。我再次改变了温度的单位，这一次是将温度单位改为开尔文。我现在的误差是373K中有5K的差异，仅仅1.3%的误差，这比上一年的仿真精度又有了一个巨大的提升。由于69%的仿真精度提升，Hans还特地奖励给我一个电子优惠券。

当再下一年的仿真精度提升报告提交之前，Hans突然出现在了我的办公室。他说："Kordyban，这一次你准备怎么办？你现在已经没有其他温度单位了。兰氏温标给出的误差值也和开尔文温标一样。"

我说："我知道，你的意思是你知道我一直在玩文字游戏？"

Hans甚至都没有眨一下眼睛。"从一开始起，由于你遵从邮件中的要求，所以我无法指责。但既然你承诺了这个工作，现在是该做一些真正提升仿真精度的工作。"

我说："我已经想到了如何提高仿真精度！我在最近一次理发的时候开始思考这个问题。我和我的小伙伴Joey每个月都会去同一家理发店。他理的发型有点像Grizzly Adams（影片《灰熊亚当斯的一生》的男主人公），并且他的头发要比我多很多。当理发师理完发之后，我们都会给其一些小费，即使Joey的头发看上去减少了很多，而我理发前后的变化很小。我没有根据最终的结果来评判理发师的水平。我评估他的好坏是看他对于我最初给他的东西能做得多好。"

Hans瞟了一眼我的秃头，一边点头一边说："继续啊。"

我说："即便是世界上最好的理发师也没有办法把我弄得像James Dean（美国著名电影演员）一样。"这使我联想到热仿真也具有相同的道理。我们应该采用一个仅仅对温度预测可控部分进行度量的标准。

Hans说："你详细地解释一下"。

我的解释如下：例如，我们使用Therminator计算单个元器件的温度时，使用了下列方程：

$$T_{\text{component}} = T_{\text{ambient}} + Power/(h \times Area) \tag{1-2}$$

一开始我的标准是Therminator计算出的元器件温度到底有多准确。但是，元器件的温度有多少是由该软件决定的？

软件并不决定设备工作时的环境温度。环境温度只是一个输入参数，常见的最恶劣环境温度为50℃。对于一个温度为100℃的元器件而言，环境温度只是其中一半的组成部分。Therminator最多也就为其余的一半负责。让我们剔除环境温度的影响，仅仅考虑Therminator计算的元器件温度。

$$T_{\text{Therminator}} = Power/(h \times Area) \tag{1-3}$$

元器件的热功耗是什么？同样这也是一个输入参数，并不是由 Therminator 计算得到的。热功耗来自电子工程师，他们根据相关的公式进行推算。从式（1-3）可以看到，$T_{Therminator}$与热功耗呈线性关系。如果热功耗计算有 10% 的误差，则 $T_{Therminator}$就会有 10% 的误差。

面积的影响与热功耗类似，这个面积是元器件的表面积，$T_{Therminator}$与这个输入参数成反比。由于面积计算误差产生的温度误差影响与热功耗一样，但发生面积计算错误的概率微乎其微，因为面积是通过元器件建模确定的，并不需要进行计算。

现在就剩下对流换热系数 h 了，这是式（1-3）中唯一的不是 $T_{Therminator}$ 的输入参数。计算对流换热系数 h 值是热仿真的重要环节，我们应该度量其误差。

Hans 听到这个分析后不寒而栗。他打开了他的佩带式计算机，并且浏览他度量的标准数据库。“根据你的解释，元器件的热功耗是温度预测的一个重要因素。我们有若干个关于元器件热功耗计算精度的报告。其中的结论是对于新的元器件热功耗计算误差可能达到 200%，通常的热功耗计算误差在 25%”。他说：“通常的元器件温度为 70℃，在 50 ℃的环境温度下，则 $T_{Therminator}$ 的值为 20℃。假设你温度预测一般相差 5 ℃，则误差百分比为 25%。”

“你仿真的输入数据误差为 25%，那么你仿真结果的误差一般为 25%。所以任何提升你仿真误差的工作都是徒劳的。”

我似乎得到了解脱。我提议：“可能提升仿真精度的最好方法是更精确地估计元器件热功耗。但这又超出了我的工作范围，我只能从电子工程师处获得元器件热功耗信息。”

Hans 说：“你把他们的名字告诉我。”

我将手放在键盘上，脑海中不断地思索着电子工程师的名字。在我开始敲打键盘之前，我听到 Hans 的喃喃自语。

他说：“谢谢，我会好好收拾他们的。”

总结

这个故事有一些晦涩难懂，下面是其中的几个重要结论。

1）温度单位转换

$$℉ = 32 + 1.8 \times ℃ \quad K = 273 + ℃ \tag{1-4}$$

2）当比较两个温度时，为了得到百分比变化或百分比误差，正确的方法是比较元器件的温升，而不是绝对温度值。

3）热仿真温度误差的最大影响因素是热功耗计算误差。

4）当仿真温度与测试温度非常接近时，这都得益于我的勤奋工作，当它们差异很大时，那并不是我的错。

第2章　风扇：增加空气流动和冷却系统的尺寸

如果我们不处于一颗风扇包围的环境中，一切可能会变得更好，我们也不会认为它们具有存在的合理性。它们看上去似乎非常简单，一个电动机带动着旋转的叶片吹出气流来。如果我们过去没有在炎炎夏日的晚上采用摇头扇降温，那么我们也不会认为它们很简单。如果我们从来都没有听说过风扇；或者说我们先是在关于如何加速气体流动的研讨会上遇到风扇，那么我们也不会错误地将它们用于电子设备的冷却。我们会因为对风扇知之甚少而充满敬意。

通过采用1~2颗风扇就可以帮助我们解决棘手散热问题的想法着实很吸引人。事实上，正如本章中所介绍的故事一样，我们仅仅是将一个问题转换成了另一个问题。

2.1 空间和资源

在调研如何缩短我们部门的技术支持响应时间时，一位经理的回答是“克隆 Kordyban”。需要进行热仿真的项目数量已经大大超过了我们的能力范围，所以形成了很多积压的工作。

这个建议得到了高度的重视（和其他雇员的提议一样被重视），在一段漫长和辛勤的，身兼数职，团队为导向，由公司出资的研发过程之后，一个小孩被孕育了出来（见图 2-1）。她的名字叫 Fiona。尽管 DNA 测试证实她具有 Kordyban50% 的遗传基因，但非常明显必须对她进行一些训练才能激发其热分析技能的天赋。这个项目的可行性受到了质疑，一些专家预计训练过程可能需要 21 ~ 25 年的时间才能完成。

这个训练过程的开始伴随着巨大的热情。所有的希望被寄托在最新版本 Therminator 软件全新的图形用户界面之上。替代依靠鼠标和键盘输入的方法，新的界面主要是通过流口水进行操作。

图 2-1　Kordyban 和 Fiona

理论上增加了一个 Kordyban 就可以增加一倍的热仿真工作量。Fiona 的理解力非常强，但她目前为止还是对 k-ε 湍流模型等概念理解困难。无论她在进行热仿真工作时有多么出色，我们还是经常互相取长补短。例如，在 11 个星期大的时候，她自己还无法自己端坐，所以不得不坐在我的大腿上。由于我们有时相互交流，共同使用计算机资源，我们的工作量比预期两个 Kordyban 要略少一些。

这使我想起了 Herbie 不符合预期效果的风扇盒。这个风扇盒是用于 PSI-Cell 机架（HBU 单元的基站版本）的若干颗风扇组合。他的风扇盒是一个具有六颗风扇的金属盒子，并且将其插入到 PSI-Cell 机架的底部。他想知道所选择的风扇能否提供冷却 PSI-Cell 电路板所需的空气流量。

Herbie 对我说：“我知道一颗风扇是如何工作的，风扇特性曲线会告诉你其流量与静压的关系。机架内阻碍空气流动的东西越多，空气流动的压力损失也越大，所以风扇的流量也会下降。”

我说："你说的对，我很欣赏你的记忆力。"

"但当我同时使用多颗风扇时，我该如何计算空气流量?"

"根据所有的教科书，风扇目录、Therminator 用户手册和 Teleleap GD 设计手册，这都称之为风扇并联。我认为，你的六颗风扇就处于并联的形式，因为你将风扇并排安装在机架的入口处。风扇的另一种布置形式称之为串联，例如你将一颗风扇放在系统入口，而另一颗放在系统出口，我们会在以后章节中进行讨论。图 2-2 显示了多颗风扇并联和单颗风扇的流量差异。"

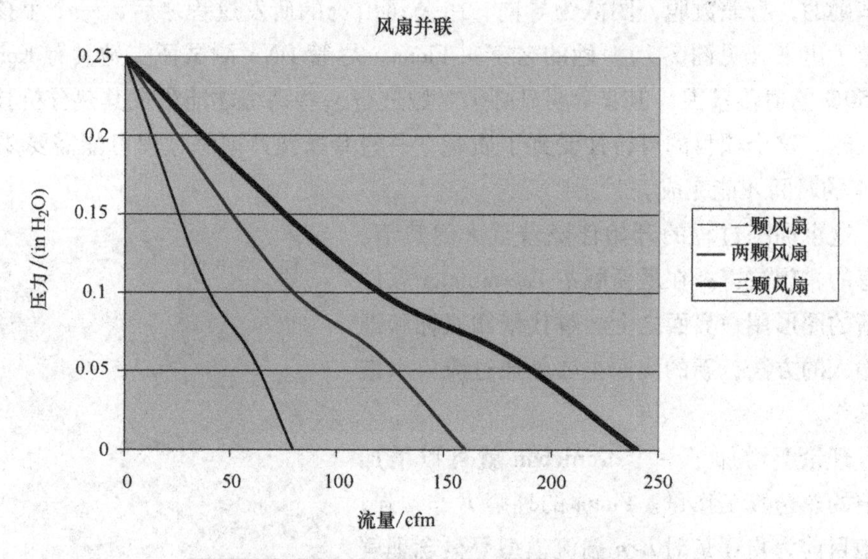

图 2-2　多颗风扇并联和单颗风扇的流量差异

"对于任何一个静压值，你只需要将并联风扇的流量相加即为总流量。例如，当风扇静压为 0 时，一颗风扇的流量为 80cfm，两颗风扇的流量为 160cfm，三颗风扇的流量为 240cfm。"我解释道。

Herbie 说："这个连傻瓜都知道，我想知道一些有用的。我采用了六颗这样的风扇，将它们放在一起，所以它们总共产生了 480cfm 的空气流量。"

我提醒他："不要忘了你的机架会阻碍空气的流动，所以存在一定的风扇背压。由于风扇背压不为零，所以你无法得到 480cfm 的空气流量。"

他边对我摆了摆手边说："没有问题，我其实只需要 250cfm 的空气流量，即便我的六颗风扇具有一定背压，也可以满足系统的热设计要求。"

McCool Products（样机制造商）为 Herbie 制作了一个样机，并且提供给 Herbie 他们在风洞中测试得到的风扇盒数据，这个风扇盒具有金属盒、导线和风扇。

Herbie 带着沮丧的表情走到我面前。他给我看了图 2-3，并且问我："你能否解释这一切？"

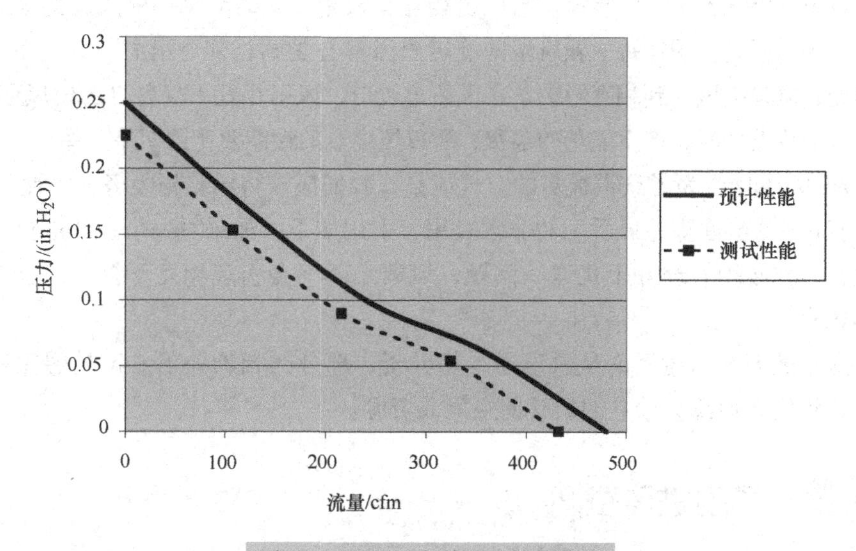

图 2-3　六颗风扇并联的性能曲线

"出了什么问题？"

"上面一条实线是我计算得到的风扇盒性能曲线。正如你所说的，我首先获得一颗风扇的性能曲线，之后在任何一个静压点，将六颗风扇的流量相加。在风扇背压为零时，我得到的流量为 480cfm，但下面一条虚线是 McCool Products 测量得到的风扇盒性能曲线。"

我问："下面那条曲线是针对五颗风扇的特性曲线吗？或者有过滤网阻碍空气流动。也有可能一颗风扇的流量漏掉了。"

"不会的，他们说测试是基于没有任何空气泄漏，没有过滤网以及风扇盒进出口没有遮挡的条件下进行的。"

"风扇工作电压不足？"我猜了一把，我真的不清楚了。

所以我必须进行一些研究，我开始寻找一些风扇说明书的脚注。其中罗列的信息似乎是风扇专家们所熟知的，但很少有针对客户的信息。一本 19 世纪的英文竖井通风手册中对于风扇有如下一副对联：

如果你将并联风扇靠得太近，

它们的进出风会受到相互干扰。

尽管这首诗广为流传，并且经常会被山寨，但其真实的作者和相关测试数据已经无从考证。事实上，似乎没有人明确知道离多近才算太近，以及流量会下降多少。

但如果你仔细思考一下，当你将风扇并排放在一起，它们肯定会相互干扰。一颗风扇可以从各个方向吸风。当风扇相互紧挨着布置时，每一颗风扇的吸风方向就受到了限制。同样每一颗风扇的旋转出风都会受到相邻风扇的影响。在风扇入口处，风扇吸风受到相互影响，在风扇出风口，风扇相互干扰各自的出风面积。当这些干扰发生时，产生能量的浪费，所以风扇盒的性能要比预期差一些。

Herbie 问："为了获得最多的空气流量，我们应该将风扇相距多远放置?"

我说："这首诗的最后一句非常有用，引用如下：如果对一个系统进行空间的优化，你必须处理好干扰这一问题，风扇之间不会引起相互干扰，这就是所需的风扇间距。"

这个故事想阐述无论是风扇还是热分析，部分的相加并不一定是想象中的总和，特别是你没有给它们足够的空间或资源。

2.2 风扇进风空间

为了准备我与市场部的会议，我抢了一卷胶带和一些其他实验室设备。到了该证明的时候了。

几天以前，我收到了一封市场部"恶魔双子星"Joel 和 Ethan 之间的邮件副本。邮件相当直白地询问了 Q-RAP 系统的散热研究何时会完成。

我之前从未听说过 Q-RAP 系统，所以我去了一个我自认为能了解它的地方，这个地方并不是官方产品定义文档，而是在市场部旁边复印室一堆无人领取的打印报告中。

我拿着报告，到每一台咖啡机旁找 Herbie，他总是出现在那里。

"哦，是的。"Herbie 一边看着报告一边说："我记得这些。他们研发了非常完美的模块，并且将六个这样的模块填充在一个欧洲标准的机柜中，以便他们可以将其销售给外喀尔巴阡州（乌克兰最西部的州）的通信公司。"

我问："他们可以那样做吗?"

"我对布线感到很棘手，除此之外，Joel 和 Ethan 完成了整个设计。工程部对此毫不知情。"

我问："他们是如何做到的?"

Herbie 耸了耸肩说："仿佛他们可以做任何他们想做的，只要一个客户买他们的东西就可以了。当我们研发 RAP 模块几年之后，你的热测试报告中提议我们应该在每一对模块之间放一块挡板。由于自然对流散热情况下电路板太热，所以我们不能让热空气由下部的模块通过上部模块。这就意味着我们在 7ft 高的机架中只能装四个模块。现在 Ethan 宣称我们的竞争对手 TinCanTech 在欧洲能将六个模块放在一个 6ft 高的机架中，所以我们不得不达到同样的目标。基于热测试结果，我认为没有可能。但 Joel 认为可以，我们可以使用风扇来解决这个问题，这一切都来自你的想法。”

我说：“我的想法？”

Herbie 说：“是的，你是否记得去年圣诞节，那个项目评审会议？”

我说：“那并没有什么特别。”

“Joel 展示了六个模块在机架中的报告，你对他翻白眼，并且挖苦说：‘是的，如果你想这么做，你必须为其增加一个风扇盒！’伙计，他们把你的话当成了设计建议。” Herbie 说。

“听起来似乎需要给某些人上课了，而且是那种传统模式的课程”，我说。然后 Ethan 和 Joel 被邀请参加了一个热设计评审会。

Ethan 说：“是时候了，更频繁地会面讨论将会解决这个棘手的散热问题。”

Joel 附和着说：“是的，我们想看到你改变对这个散热问题的立场，之后在你的评审一栏中签上大名，那么这个问题就解决了，从而我们可以满足客户全球销售目标的期望。”

我说：“无论如何开始，我都对 Q-RAP 机柜（见图 2-4）设计有一个疑问：你们给风扇盒预留多少空间。”

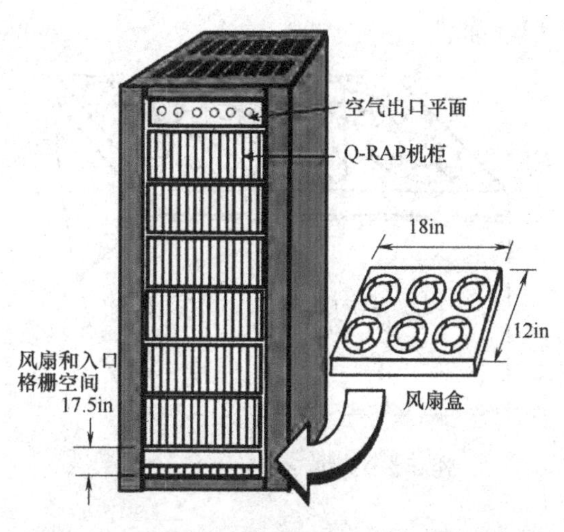

图 2-4　Q-RAP 机柜没有预留足够进风空间

Ethan 说："我们会做好的，我们的风扇厚度仅为 1in[⊖]，但我们会为风扇盒预留 1.75in。我多么希望使用那多余的 0.75in 的机柜高度来填充更多的 RAP 模块，但这并不可能。所以，你可以将那些高度用于你的风扇盒。"

我说："啊！先生，这就是我们的不同。你认为你已经给风扇分配了很多空间。但我认为你对风扇的空间非常吝啬。我不需要进行任何测试，就知道你的机柜内空气流量是不够的。1.75in 的风扇空间包括了风扇入口格栅的空间！"

"风扇自身的厚度就有 1in。然后，你需要一个空气过滤网，从而避免 RAP 设备受到灰尘的影响。过滤网正常工作的最小厚度是 0.5in。现在就剩下 0.25in 了。"

我示意 Herbie 开始进行示范。当我不断地说话时，Herbie 在 Ethan 的嘴里插了一个吸管，并且用封带将他的嘴和鼻子封了起来。这个吸管不是那种令人讨厌的奶昔大吸管，而是那种大约 4in 长的混合鸡尾酒的吸管，其直径和牙签差不多大小，你都不知道它是用来吸饮料的还是起搅拌的作用的。

我解释："这将给你一个对冷却风扇感性的认识。Joel 你是一个不受入口约束的风扇盒，是否可以进行自由地呼吸？"

Joel 呼呼地吸气，并且不住地点头。

我说："Ethan，你是具有 0.25in 空气入口高度的 Q-RAP 风扇盒。"

他说："嗯。"并且看起来非常爽朗。他的呼气通过吸管时有轻微的口哨声。

我说："风扇具有同样的情况，为了获得更多的空气流量，你不要控制其入口或出口。这就意味着配合风扇盒使用的入口格栅应该具有风扇一样的尺寸。你的风扇盒大约 18in 宽，12in 深。所以，理想情况下你的入口格栅应该像图 2-5 中一样，18in 宽和 12in 深。"

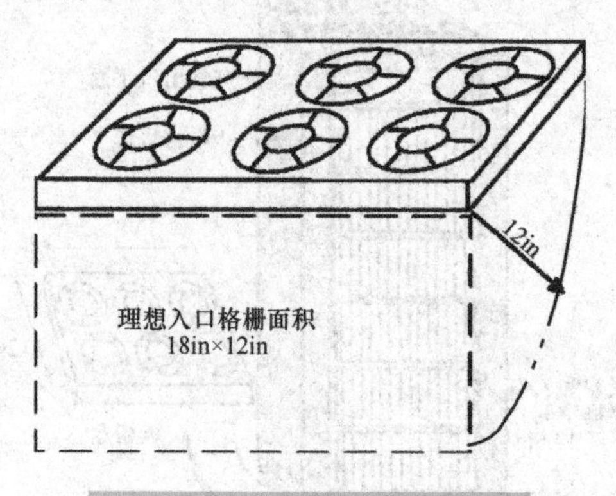

图 2-5　理想情况下的入口格栅

⊖ 1in = 0.0254m，后同。

Joel 问："但空气通过孔和绕过障碍物不是非常灵活的吗？"

我问："Ethan，你想说什么？" Ethan 开始出汗，但他不住地点头表示一切都还好。说实话，我很钦佩他的诚恳。

我说："举个例子，空气绕过障碍的能力要强于糖浆。所以，你可能会觉得实际与理想情况相差很少，不会损失很多的空气流量。我们在风扇方面的经验告诉我们，当你开始测量到明显的流量下降之前，你可以将入口格栅通风面积由100%减少到60%。之后，格栅通风面积的改变会造成空气流量快速的变化，正如你在图2-6中所看到的。当你将格栅通风面积降到很小的时候，我不认为你能得到20%的理想空气流量"。

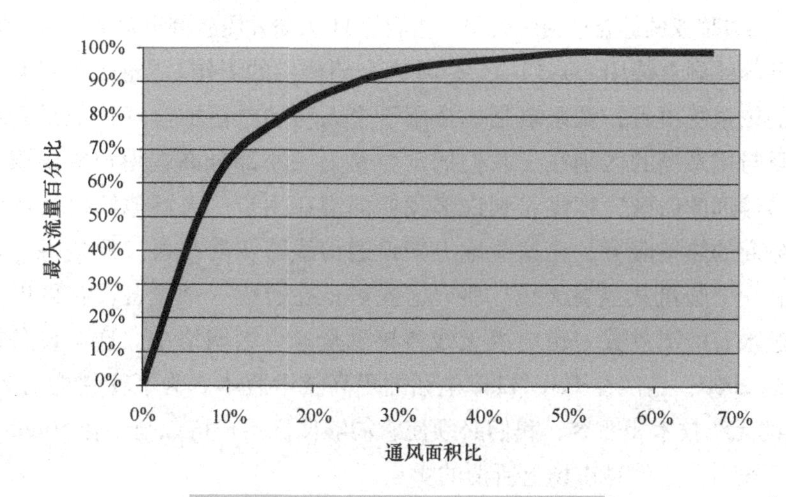

图2-6 流量和通风面积比的变化曲线

Joel 激动地说："你是说风扇盒的空间应该更大？3～4in，甚至7in高？不行！我们会毁了整个RAP机柜的！"

Ethan 的脸由红色变成了紫色。当他的氧气吸入量减少时，吸管内空气流动越快，并且产生的声音也更响了。但他仍然用手示意增加风扇盒通风面积不可行。我可以理解他的观点。不幸的是他突然倒在会议桌下。

Herbie 建议："我是否可以替他撕掉胶带？"

我若无其事地说："他死了吗？"

"好像还没有。" Herbie 淡定地回答。

我转向 Joel 说："除非你为入口格栅设计更多的空间，否则你的Q-RAP机柜也很有可能发生同样的情况。"

Joel 研究了一下他的同伴，凝视了天花板一会说："可以给入口格栅更多的空间，或许我们可以将其作为一个卖点，譬如强化冷却系统，并且收取额外的费用。”

Herbie 拿出了一卷空气过滤棉和一卷胶带。

我说：“现在，我们将演示为什么我们在风扇顶部与空气滤网之间需要留出 3in 的距离。”

2.3 流阻最小的路径

由于提供午餐，所以我参加了 Teleleap Merger 公司举行的产品介绍会，这是一家位于西弗吉尼亚的综合性跨国公司。他们的 11 人研发团队都出席了产品介绍会。

产品部的副总裁用一系列的幻灯片来介绍他们的工作。“这个项目有点类似于以前的铱系统项目，铱系统是一个用于个人移动电话的全球化卫星系统。我们的项目与铱系统的区别在于我们的定位是为一小部分高端用户提供服务。在国内很多偏远的山区，你将看到许多我们的潜在用户。通常他们接受不到传统通信服务商的热情服务。在这些地方架设通信线路花费高昂。但是每一栋移动房屋都有一个圆盘式卫星天线！所以，我们正在研究一个设备，它可以让用户直接通过现有的圆盘式卫星电视天线连接到全球电话网络中。这个设备被称为 Party Line 2000，是以往 Party Line 电话的更高技术版本。为了使它能与 20 世纪 70 年代的无线技术相兼容，我们必须使它能够保证用户可以与半径 60mile[⊖]内其他人进行通话。这就是市场上所谓的卖点。”

之后，大的产品介绍会议被拆分为若干个小的技术研讨会。我被 Zeke 给叫住了，他是产品设计和 CAD 部门的副总裁。他说：“我们希望你能粗略地帮我们设计一个新的冷却系统。我们公司太小以至于无法进行产品热分析。我们的产品研发模式相当守旧——制作样机、测试，并且在所有过热元器件上加装散热器。

“PL2000 是为玻利维亚海军重新设计的卫星通信系统。在新的设计方案中，我们有采用风扇。”Zeke 说：“旧设计方案是一个内部有 16 块 PCB 的机柜，每一块 PCB 的热功耗为 25W。为了保证它能在自然对流散热条件下工作，我们在 PCB 之间加装挡板，从而避免下部 PCB 产生的热空气进入到上部 PCB 中。我们测试得到元器件最高温度，几乎正好满足我们的设计要求。”

“我们在为玻利维亚海军设计的产品中加入了一些特殊的元器件和功能。所以，每一块 PCB 的热功耗为 30W。我们以往的设计经验告诉我们，如果 PCB 刚

⊖ 1 mile = 1609.344 m，后同。

好在25W的热功耗下正常工作，那么它就无法在30W的热功耗下正常工作，我说的有道理吗?”

我说：“听起来似乎逻辑性很强。”

他继续说：“但我们也知道如果PCB在自然对流散热条件下略微超出设计标准，那么增加任何种类的风扇都可以使其正常工作。你不是在你的报告中说风扇冷却的效率是自然对流冷却的10倍吗？所以，我们没有必要太过于纠结，我们需要做的仅仅是让空气流动起来，对吗?”

他将他们的设计方案（见图2-7）展示给我看，这个设计方案的机柜下部有一个风扇盒。

“这个风扇盒的说明书中说它可以产生300cfm的风量，这个风扇似乎比较大，真是太棒了。但为了给风扇盒足够的进风空间，我们将两个PCB模块叠放在风扇的上方。这样单个PCB模块可以得到更多的空气流量。我们听说你有一款热仿真工具可以预测各种空气流动和温度分布，在我们制作样机之前，我们正需要这方面的结果。”Zeke说：“所以，在我们制作样机之前，我们认为你应该参与到方案设计中。”

图2-7 PL2000系统结构

我说：“那还用说。如果你可以提供给我系统的尺寸、风扇说明书、系统中电路板的一些信息，我可以通过Therminator软件计算系统内的空气流动和元器件温度。

Zeke显得非常高兴。他说：“我们就这么做!”我们还亲切地握了握手，似乎一切都大功告成了。

当我在Therminator中建立PL2000的热仿真模型时，我开始思考这个设计方案可能遇到的问题。

当所有风扇同时运行时，通过PCB的空气流量相当充足，并且从Therminator预测得到的元器件温升也满足热设计要求。之后，我对可能出现的问题进行了仿真分析，这一次是三颗风扇中有一颗失效，我想看一下会发生什么情况(见图2-8)。令人感到非常意外，风扇冷却的效果没有Zeke预计的那么有效。

当我将仿真结果向他展示时，他尖叫着问：“这是为什么？为什么空气会流回到这里?”

“是的，先生。右侧这颗风扇失效了。”我解释说。

他说：“失效？谁说这颗风扇会失效？我们的设计方案是它们都能良好地工作。”

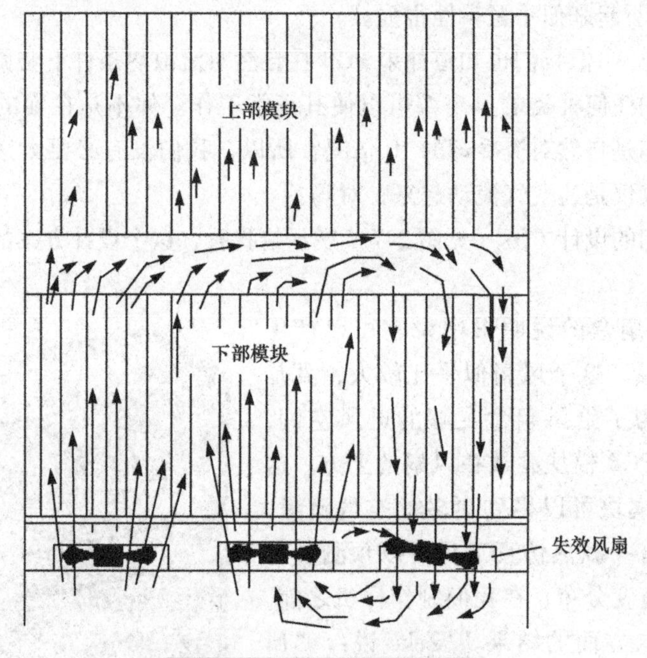

图 2-8　一颗风扇失效的影响

我说：“风扇失效是由于偶尔的电动机烧毁或轴承卡住所引起，就如同白炽灯爆裂一样。风扇供应商唯一能保证的就是它们的风扇寿命不会比元器件长。我假设 PL2000 是一个高可靠性的系统，即便有一颗风扇失效也可以保证系统正常地工作。”

他说：“呀，太糟糕了。我们不能因为一颗风扇失效，而将系统关闭。我从来都没有想过这个问题。我们之前没有对系统采用风扇，所以根本没有想过它们中一颗失效后会发生什么情况。”

我说：“有时冗余并不一定会按照你期望的方式工作。你认为使用三颗风扇具有很大的冗余。可能实际情况只需要一颗风扇，所以即便有一颗风扇失效，你还是认为有足够的空气流量来保证元器件正常工作。一颗失效的风扇不仅仅不再提供空气流量，而且它变成了一个泄漏空气的路径，非正式的称呼是无意设计的空气流通路径。图 2-8 显示了空气从两个正常工作的风扇进入到第一个模块的 PCB 中，之后并不是进入到第二个模块的 PCB 中，而是通过两个模块的中间区域进入到机柜右侧底部。最后，从失效的风扇中流出。”

Zeke 尝试寻找最后一丝希望。“即便空气形成气流短路，但至少 PCB 之间还是通过了大量的空气。”

我说：“最糟糕的事情是从失效风扇出来的空气被正常工作的风扇吸入。所以，这些热空气被不断地循环加热。最后空气的温度可能会超过 120°C。那真是太糟糕了。”

Zeke 说：“似乎上部模块的 PCB 只有很少的空气通过。这里的空气流量要比自然对流散热情况下的流量更少。”

我说：“你说得对，总的来说，三颗风扇的机柜散热并没有自然对流来得更好。”

“那可真要了我的命了”。Zeke 大声说：“你说的这些话就如同一个小伙子开始摆弄风扇时，必须知道他在做什么。”

“风扇的使用比较复杂。我们甚至还没有开始讨论风扇报警、空气过滤网、高海拔时风扇的维护方式和性能。你想将你的机柜放到多高的山上？”

Zeke 一边用手托着他的下巴挠着胡须一边说：“我们有可能将这个机柜放到科罗拉多州的落基山上，那的海拔大约有 10000ft。我们还是讨论空气是如何形成短路回到机柜中的吧。我对这个现象不是特别明白。为什么空气在右侧改变流动方向，并且通过失效的风扇，而不是直接通过上部模块的 PCB。空气流动难道不是沿着流动阻力最小的路径吗？空气通过下部模块和风扇的流动阻力不是更大吗？”

我不清楚，“我想我只能说服你接受这个事实，因为 Therminator 得到的结果就是如此，你觉得速度分布的彩色云图怎么样？”

Zeke 回答说：“从我听说 CFD 仿真开始，绝大多数的时间内你自己都不相信 Therminator 的仿真结果。”

我承认：“你讲得很对。现在我们讨论关于你最小流动阻力损失的理论。我们认为那是来自生活的认知，但并不是流体力学，让我们来做一个小实验来判别其正确与否。”

我拿了一个吸管和一块泡沫空气过滤棉。我将一根吸管插入到过滤棉中，然后将它与其他吸管并排放在桌子上。之后，我请 Zeke 靠近仔细听声音。

我问：“空的吸管的空气阻力要远小于有过滤棉的吸管。你能分辨哪一个吸管内具有更多的空气流量吗？”

Zeke 弯着腰仔细地在桌子上观察，并用怀疑的眼神看着我。“你是不是在开我玩笑。两根吸管中都没有空气流动！”

我说：“你确信吗？空的吸管难道流动阻力不是更小吗？”

他说：“但没有东西促使空气流动啊！”

我说："你说对了，你也知道除了流阻之外，还有其他因素对于流动有很大影响？"

Zeke 的脸上露出了难得一见的笑容。"必须有东西促使空气流动。空气自己是无法流动的。"

我说："确实如此，压力差可以促使空气流动。空气从压力高的位置流向压力低的位置。就如同电流由高电位流向低电位。"

我让 Zeke 将两根吸管的一端放在嘴里，并且用力吹气（见图 2-9）。大量的空气都从空的吸管中流出，只有极少的一部分空气从过滤棉中出来。

我解释说："通过对吸管吹气，你使吸管的两端形成压力差。你的嘴中压力升高，至少比房间内的压力要高，吸管的另一端压力低。所以空气可以流动，但空气不会全都选择最小流动阻力的路径。绝大多数的空气通过空的吸管，但还有极少一部分通过了过滤棉吸管。两个吸管的流量比例与两个吸管的阻力有关。"

空气也会通过流阻比较大的路径，只是流量比较少罢了。

当 Zeke 不停地玩弄吸管的时候，我画了一张风扇的草图如图 2-10 所示。

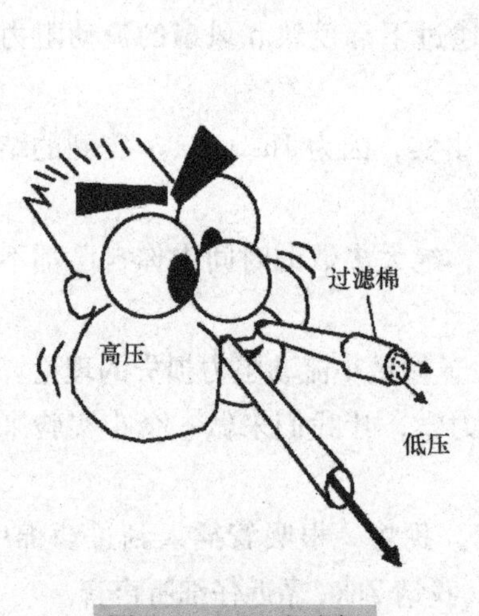

图 2-9　Zeke 在吹气

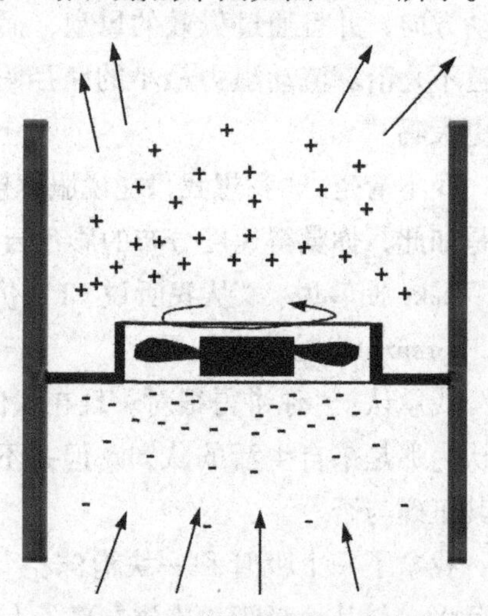

图 2-10　风扇的工作方式

我说："这就是风扇的工作方式，当它旋转时，在其出口面上形成高压，在入口面处形成低压。我们在低压区域用蓝色表示，而高压区域用红色表示。"

Zeke 抬起他的手说："打住，朋友，我是一个色盲，我们家族有色盲的遗传史。CFD 软件输出的这张彩色云图对我没有任何的意义。"

我说："行，那我们用减号来表示低压区域，用加号表示高压区域。在风扇的入口处，其实压力要比房间内压力低。这也就是为什么房间内的空气会进入到风扇中。在风扇的另一面，由于压力要比房间的压力高，所以空气从风扇中流出。”

他问：“所以减号表示一个负压？”

我说：“是的，下一步采取的工作如下。我在 PL2000 系统失效的风扇处画上加号和减号。在正常工作的风扇入口面画上减号，出口面画上加号。我想实际的效果应该像图 2-11 那样。”

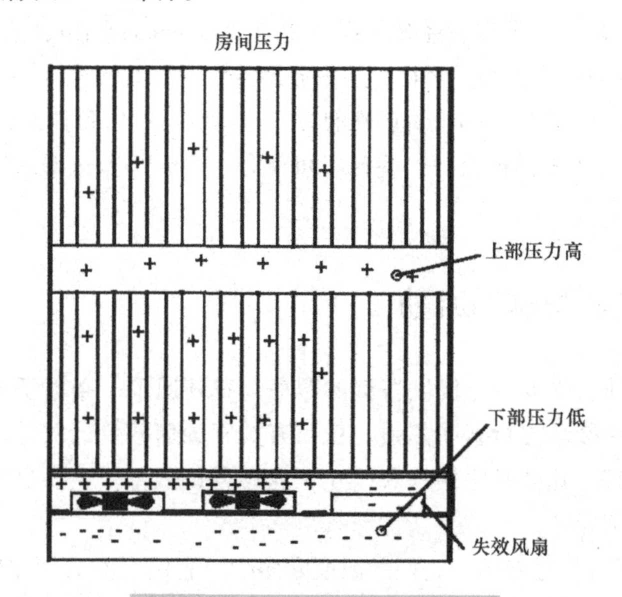

图 2-11　PL 2000 系统的实际效果

我说：“让我们来看一下上下模块之间的区域，如果你是处于这个位置的一个空气分子，此时，你不得不决定是通过上部模块之后离开柜体，还是转个弯进入到下部模块。上、下模块之间区域的压力要高于房间压力，以加号来表示。风扇盒下部的区域低于房间压力，所以用减号表示。对于下部隔板右侧的 PCB，上部的压力要比下部压力高，因为失效的风扇对于空气流动形成了一个短路的效应。所以，空气在这些 PCB 区域是如何流动的？”

Zeke 显得犹豫不决，有点像纸牌游戏中我要他出牌一样。“啊，但是流动、阻力……”

他最后不情愿地承认：“空气从高压到低压，所以在右侧 PCB 区域内空气从上往下流动。”

Zeke 继续研究着这张图片，仔细端详着那些加号和减号。“我还是有那么一些不确定，你是怎么知道哪里是加号，哪里是减号的？"

我说："在正常工作风扇的出口面上是高压，在入口面处是低压。在每一个点的局部压力与流动有关，并且流动也是由压力所决定的。每一点的空气都有多条路径可以选择，每一条路径都有不同的流阻和压力梯度。如果你稍微改变一点几何尺寸，例如增加风扇上方的开放区域，你可能会得到完全不同的空气流动形式。这就是为什么我使用像 Therminator 这类软件来预测空气流动、压力和流阻的原因。"

Zeke 耸了耸肩，"所以我还是不得不相信 Therminator 的仿真结果。"

"它会使我的工作变得更轻松，但我并不推荐它。凡事多问一个为什么。这是唯一一种保持我和 Therminator 正确的方式。" 我说："我所能确信的是 Therminator 总是比传言要来得精确，这些传言可能是：空气总是选择流阻最小的路径流动。"

2.4 难以理解的流动

若干年之前，作为一个提供咨询的服务，我开通了一条电子散热的热线电话。这是一条由接话方付费的热线，任何有关于如何降低元器件温度问题的人都可以进行拨打。几个月之后，我终止了这项咨询服务，主要是我经常会接到类似这样的咨询问题。

"为什么胡椒粉是热的，它们的温度是多少？它们有时会使你出汗。为什么没有冷的食物？"

另一个最常出现的问题就是关于体积流量和流速的混淆。我不止一次地被询问这方面的问题，除非是某个人不断地变换着他的声音，否则我认为很多人都遇到了这个问题。下面就是这类问题的一个例子：

"我想在我的 PCB 上布置一个处理器，它的说明书中注明需要 500lfm 的空气流速。我现在有一个流量为 300cfm 的风扇。它是否能满足要求？你是如何将 lfm 转换成 cfm 的？我们老板认为它们都是基于罗马数字。你知道，l 代表这 50，c 代表着 100。你能帮我进行确认吗？"

下面是一个简短的回答：

lfm 是直线英尺每分钟的简写。

cfm 是立方英尺每分钟的简写。

它们两个不是一回事情，但它们之间存在某种联系。它们就如同汽车在高速上行驶得快慢和高速上有多少汽车驶过。很明显有多少汽车驶过主要依据汽车的行驶速度，但也与高速道路的宽度有关。

下面一个例子是关于空气通过一个管道时流速和流量之间的关系。其中流速以直线英尺每分钟表示，流量以立方英尺每分钟表示。由于空气没有可见性，为了便于说明问题，假设你是奶酪工厂的质检员（在美国工厂中的奶酪由大型工业机器进行生产），并且你正观察奶酪流经一个大玻璃管的过程（见图2-12）。在你开始观察之前，玻璃管内是空的。你按动开关之后奶酪开始流动，同时你按下了秒表。金色、粘稠和美味的流体开始通过你的视线。

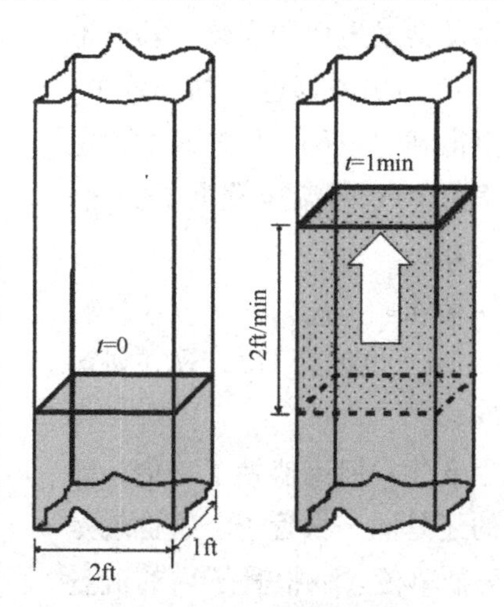

图2-12　大玻璃管

1min之后，你用激光测距机（或者在五金店购买一个木制直尺）测量奶酪上表面移动了多少距离，你发现结果是2ft。

所以奶酪在管子内的流动速度是：

$$2\text{ft/min} = 2\text{ 直线英尺每分钟} = 2\text{lfm} \tag{2-1}$$

其实直线英尺就是英尺。人们习惯于说直线英尺，即便看上去显得多此一举，但主要还是为了与立方英尺区别，立方英尺是一个体积单位。

现在，有多少奶酪进入了玻璃管内？根据图2-12，玻璃管的截面为2ft宽，1ft深。在测量的1min时间内，玻璃管内充满的奶酪体积为

$$2\text{ft} \times 1\text{ft} \times 2\text{ft} = 4\text{ft}^3 \tag{2-2}$$

1min内4ft^3的奶酪通过了你的检测。所以奶酪的体积流量是$4\text{ft}^3/\text{min}$，也就是4cfm。

可能你已经注意到将体积流量4cfm除以流速2lfm会得到2ft^2，这似乎正好等于管子的截面积（见图2-13）。这并不是一个巧合！速度（V）流量（G）是

与截面积（A_{CS}）有以下关系：

$$G = VA_{CS} \tag{2-3}$$

如果它们关系这么密切，为什么人们同时使用 cfm 和 lfm，而不是使用其中一个？因为它们并不是真正意义上可以互换。

当玻璃管的形状发生变化之后，你就会明白奶酪的流量和流速变化。

为了节省成本，奶酪在经过观察测点之后，管子的截面积发生了变化，现在管子的截面积为 1ft × 1ft。当管子变小之后，奶酪流动会发生何种变化？奶酪不可能消失，仅是大管中所有的奶酪都进入到小管中，所以流量还是你之前测量得到的 4cfm。但这其中肯定有某个量发生了变化。其中奶酪的流速发生了变化。你可以通过下式来进行计算：

$$V = G/A_{CS} \tag{2-4}$$

小管的截面积为 1ft × 1ft，也就是 $1ft^2$。现在奶酪流动的速度翻倍，为 4lfm。

奶酪的流量没有发生变化，但流速翻了一倍，即便我们讨论的奶酪流经的还是同一根管子。这也就是为什么需要 cfm 和 lfm 两个单位。一根管子内的流量不会随截面积发生变化，但流速却随着管子截面积的改变而改变。

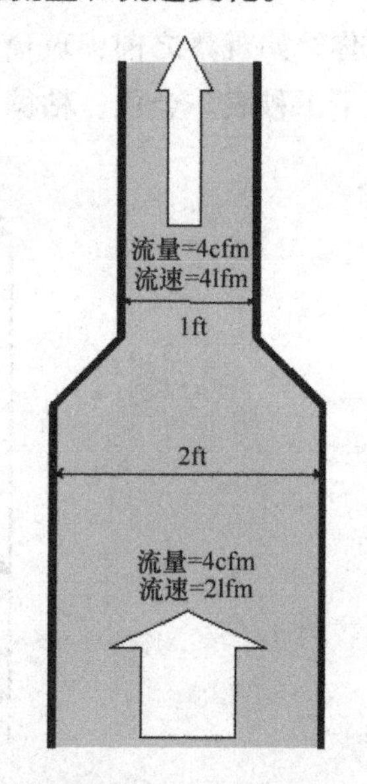

图 2-13　变形后的玻璃管

另外一个既使用 cfm 又使用 lfm 的原因是某些元器件关注流量，某些元器件关注流速。例如，风扇是促使空气流动的装置。无论将风扇与小管连接还是大管连接，其吹出来的风量都是固定的，所以它们以 cfm 分类。

另一方面，像热线电话中提到的处理器这类元器件，我们并不关注体积流量，而是关注靠近元器件的空气流速。更快的空气流速不仅仅意味着每分钟有更多的空气流过元器件表面，而且可以形成空气湍流流动，这有助于提升元器件和空气之间的强化换热能力。所以，元器件制造商将 lfm 速度写在元器件工作环境要求之中。他们并不关心通过整个机箱或单个 PCB 槽位的空气流量，他们只关心元器件周围的空气流速。

如果一颗风扇的流量为 300cfm，我们如何来计算通过处理器的局部空气流速呢？我们假设你知道如何确信风扇的流量为 300cfm，参见《Hot Air Rises and Heat Sinks》的第 10 章有关如何估计风扇流量。首先，你需要计算出元器件安装位置处空气流通路径的截面积（见图 2-14）。

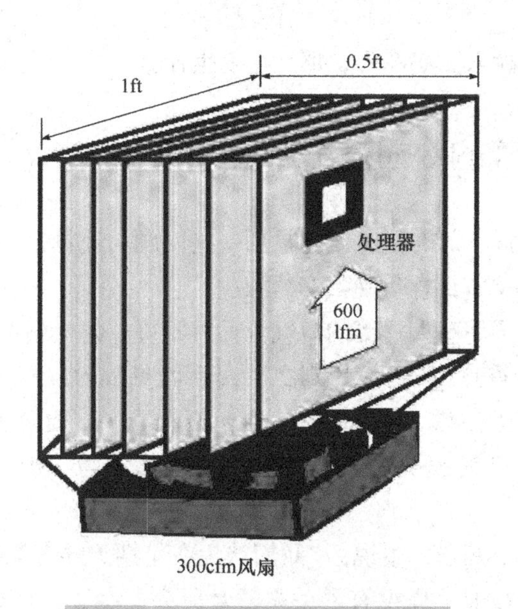

图 2-14　由五块 PCB 组成的矩形体

我们假设风扇所有的风量进入一个由五块 PCB 组成的矩形体中。这个矩形体的截面积为 1ft ×0. 5ft 。如果忽略 PCB 自身的厚度（如果需要更精确的计算可以不做这个假设），则处理器安装的 PCB 处截面积为 0. 5ft^2。流速可以通过下式计算：

$$V = G/A_{CS} \tag{2-5}$$

$$V = 300\text{cfm}/0.5\text{ft}^2 = 600\text{lfm} \tag{2-6}$$

在我们这个例子中，有非常快的空气流速来冷却处理器。但如果矩形体的截面积为 2ft 宽，而不是之前的 0. 5ft 宽，空气流量（300cfm）不变，则处理器的空气流速仅为 150lfm。这就是为什么元器件说明书中对空气流速而非流量有要求。

Herbie 可能会质疑奶酪和空气的流体特性不一样。空气是可压缩流体，而奶酪不是。但奶酪和空气的共同点超出你的想象。特别是咖啡屋中它们的味道。空气是可压缩的，这就意味着你对其施加压力，它的体积就会减少，所以我们怎么可以说管子内空气的流量为常数呢？风扇产生的背压极其有限，通常增加一个大气压力可以将空气体积减小 50%，但通常冷却电子元器件的风扇所能产生的背压仅仅大约为 0. 0008 个大气压。由于产生的空气体积变化仅仅为 0. 08%。所以你多虑了，空气通过一个充满 PCB 的机箱的表现和奶酪通过管子非常相像。

现在，让我们回到电话热线中的另外一个关于胡椒粉和温度的问题。如果我们将一些胡椒粉融入到奶酪中，那又会发生什么呢？

2.5 不正确的冷却系统冗余

当我还是一个孩子的时候，我总是用一些问题与我母亲纠缠。例如：“为什么我们家不像 Jeffrey 家那样每晚都有冰激凌？”

母亲认为对孩子用高人一等的口气说话并不好，她会耐心地向我解释：“因为我们两家考虑的重点不同。”片刻之后回答就见成效，我认为这个单词“重点”与我们家信奉天主教，Jeffrey 家信奉基督教有关。这就是我们两家具有很大差异的理由。但最终我明白我母亲在消费理念上与 Jeffrey 的母亲有很大的差异。

她给我举了一个例子，她说：“我们认为在星期天穿着漂亮鞋子去教堂是非常重要的。如果你在前一周没有弄丢去教堂所穿的鞋子，那么也许我们会剩下一些买冰激凌的钱。”

自那以后，我投入了很多精力来保护我的鞋子。

Herbie 订阅了“电子冷却”杂志之后，我更为频繁地提及这个故事。他将各种散热产品广告剪了下来，并且将它们与一张写有“让我也使用”的便签一起放在我的椅子上。其中有一次是一个具有连接软管、管子、热交换器和电动机驱动泵的液冷系统。另一次是一篇有关于冲击射流冷却优点的学术文章。他夸张地说：“你应该通过一个特殊喷嘴将接近声速的高压空气射在发热元器件上！”

通常在我解决了他的产品散热问题之后，他会把这些解决方法忘得一干二净。例如，将高温元器件移到 PCB 温度较低的区域，或者是为其增加一个散热器。但最近一次难度比较大。

Herbie 说：“我确实非常想在 AP 项目的第三阶段中使用目前最快的处理器，这个处理器的热功耗大约为 45W。”

我问：“AP？这是人类大脑单元（Human Brain Unit）的新名字吗？”

“是的，现在它被称为 Anthro- Processor。我们收到动物保护组织的严厉批评，不知怎么回事他们知道了我们正在使用猫的大脑而非人脑。如果我们使用这个处理器，我们可以再利用 90% 的软件程序，这个软件程序是为了去年已取消的另外一个项目所编写的。有一个热功耗 8W 的 RISC 处理器，可以达到相同功能要求，但我们需要重新编写程序。”

我说：“45W？在一个处理器上？以前 HBU 处理器总共只有 30W 的热功耗，

并且需要一颗风扇才能勉强工作。”

Herbie 说：“是的，我知道。每次当我提到一个元器件有 2W 以上的热功耗时，你额头上的青筋就会暴露。所以，我通过看更多的杂志来帮助你解决问题。现在我已经有了一个解决方案。我们要在一个勉强符合要求的系统中采用新的 PCB。我想应该在合适的位置增加一颗风扇，譬如处理器的顶部。你觉得散热器和风扇在一起如何，它们被安装在处理器的上方！”

Herbie 给我看了一张风扇散热器的图片（见图 2-15）。小型的风扇散热器模组自从 1990 年就开始逐渐发展。当个人计算机处理器热功耗不断增加，一些小的散热器被安装在它们之上。之后就是安装更大的散热器。当安装散热器变得不切实际，例如，所需的散热器比硬盘都要大，小的风扇开始被用来提升散热器性能。一些供应商设计了匹配风扇的散热器。另外一些供应商制造一些风扇来匹配最常用的散热器。大多数国外的供应商去除了风扇的塑料外壳，直接将旋转叶轮整合到散热器中。

Herbie 给我看的东西没有任何美感。它是一大块与高性能风扇组合的铝。大的散热表面和高空气流速，确实是一个高温元器件强有力的解决方案。

图 2-15　风扇散热器模组为现今最强大处理器提供可靠性

Herbie 看到我脸上露出欣慰的笑容，说“这个风扇散热器的说明书中注明其热阻为 0.25℃/W。我们 45W 的处理器温升仅为12℃。假设空气温度为 60 ℃，则处理器的壳温仅为 72℃，它的外壳最大允许温度为 100℃，所以还是有很大的冗余。也许我们可以降低风扇的转速和功率，并且风扇散热器的体积也符合要求。有什么问题吗?”

我激动地禁不住泪流满面。我说：“这是电子冷却方面非常先进的技术。”我的声音有些哽咽。“但这个技术很不好，以至于我们不能使用它。”

Herbie 说：“嗨！为什么？你就是不喜欢那些不是你提出的解决方案!”

我说：“那千真万确。而且我对风扇散热器还有一个问题。在我们的系统中它并不可靠。”

Herbie 说：“不够可靠？它们在高端工作站中已经使用了数千次，并且你告诉过我几乎当今所有的个人计算机中都有相类似的风扇散热器。如果它们经常失效，它们怎么会获得成功?”

我回答：“它们不会经常失效。但风扇的失效率要比其冷却的处理器高很多。如果我们生产一台个人计算机或 VCR，我认为不存在任何问题。”

他问：“这有什么差异吗?”

我说：“举个例子，当你从网络上下载歌曲时，你计算机中的风扇突然停止工作，处理器开始变得过热，你可以关闭计算机。当你的产品关联到 600000 条电话线路，你是非常非常不情愿关闭系统的。当发生这种情况时，客户会向你提出各种无理的要求。所以在电信行业，我们将可靠性和冗余看得比在计算机行业重很多。”

Herbie 尝试着挫败我：“但如果风扇是不可靠的，我们是如何以风扇盒形式使用它们冷却整个系统的呢?”

我说：“这些风扇不能被固定在风扇盒中，否则很难对它们进行替换。首先，我确信风扇肯定有冗余。如果某个风扇失效，肯定还有足够的空气流量保证设备正常运行。同时我们也可以增加一个报警装置来告诉客户有风扇失效了。此外，我做到在不关闭设备的情况下进行风扇插拔。所以，客户可以在不中断任何服务的情况下替换风扇。我们之所以做这些工作，不是因为我们希望它们永远正常工作，而是我们预料它们可能会失效。”

Herbie 说：“风扇失效又如何? PCB 上其他元器件也可能会失效? 这有什么差别吗?”

“其中的差别非常大，就如同小孩生日聚会上出现了一只米老鼠和一只真老鼠一样。风扇轴承的失效率是处理器失效率的 10～100 倍。电路板正常工作的重要一点就是关于风扇散热器，它往往会比你系统中任何一块电路板的失效率都要高。”

“你所说的失效率更高是什么意思? 总有东西一直是系统的薄弱环节。”

我仔细查看 Herbie 购买的风扇散热器说明书。我说：“我不是可靠性分析的专家，但这不会阻碍我发表看法。可靠性工程师有一种估计电子产品失效率的方法。他们将电子产品中所有元器件的失效率相加。例如基于经验数据，处理器的失效率大约为 200FIT（FIT 为每 1000 个产品工作 100 万个小时失效一次）。如果你将 PCB 上每一个元器件的 FIT 相加等于 3800。散热器风扇的失效率大约为 4000。仅仅增加一个元器件，PCB 的失效率就会翻一倍。如果你进行数学计算，你会发现平均无故障时间会减少，这是一种原始定义平均寿命的方法，从大约 30 年减少到不足 15 年。对于个人计算机而言，可能没有问题。因为过个三五年它就淘汰了。但 15 年的平均无故障时间对于 AP 系统是否足够? 我并不清楚。你应该看它是如何影响整个系统的可靠性。但如果 PCB 可靠性目标超过 15 年，那么你最好不要采用风扇散热器。”

Herbie 的脸色变得阴沉。“你确定吗？这件事情看起来非常棘手。你有什么好的方法吗？”

“我想如果风扇在大部分时间内不工作，仅仅当温度过高时才工作，可能会延长风扇的寿命。你可以通过安装一个温度传感器来控制风扇工作与否。但我认为一个 45W 热功耗的处理器，需要风扇不断地工作。否则，顷刻之间它就会烧毁。”我提议说。

Herbie 一边说一边一屁股坐了下去：“你准备怎么解决这个问题。告诉我再一次将处理器移到电路板下部边缘处吗？这次可行不通。”

我说：“不是，但我想我可以设计一个更大的散热器来满足 8W 热功耗处理器正常的工作要求。”

“太棒了，” Herbie 说：“那就意味着仅仅重新编写程序就可以了。”

“对不起，我不能满足这些可靠性要求。我总是对软件印象深刻，因为与硬件相比，通过它的改变来满足可靠性的要求更为容易。”

Herbie 说：“痴心妄想，你这个热设计家伙。”他喃喃自语地独自离开。通过增加一个备用的风扇散热器，使用热电制冷器和热管可能是他增加冷却系统冗余所能做的事情。

正值午餐时间。我从食堂菜单中点了一份冰激凌。毕竟，每个人都有自己的重点。

2.6 正确的风扇转动方向

以一种诙谐幽默的风格写文章有一个缺点，有时候人们很难分辨我是在开玩笑还是很严肃。可能是因为我的笑话并不总是好笑。我更愿意认为这是由于现实可能比未经我修饰之前更愚蠢。

我撰写了一篇技术文章，并且将其摘要提交到会议的技术选拔委员会。这篇文章是关于风扇旋转方向对元器件温度的影响。我观察到在一些特殊的条件下，元器件温度与风扇顺时针旋转或逆时针旋转有很大关系。

我得到了委员会一封友好的电子邮件反馈。结论如下：“我们就这篇诙谐的讽刺作品表示感谢。你的文章对听起来重要，其实根本无关紧要的事情进行了一番冷嘲热讽，这些事这些天还被认为是技术研究。非常感谢你的小笑话让我们忙个不停。”

我愣了一会，但最后我使他们相信我的文章不是一个笑话。风扇旋转出风和旋转方向确实有不利影响，当我在会议㊀上介绍我的文章。我听到几个人在我解释这个不利影响时哈哈大笑。在我的报告中，我展示了一个真实的机架，机架中每一个 PCB 槽位中空气流动变化剧烈，其主要的影响因素是风扇叶片转向。由于元器件温度受空气流动影响，所以我说元器件温度与风扇顺时针或逆时针旋转有关。

怎么会和风扇叶片的旋转方向有关呢？我过去经常认为这个观点是非常荒谬的。有一天我面对一个名为 2100 的新机架。它的空气流动形式非常奇特。其中的风扇死区位置与我通过 CFD 软件得到的位置相反。我不得不比以往更为详细地分析 2100 机架。最终的答案归结如下：假如我们都知道空气从风扇中均匀地垂直出来（见图 2-16），那么风扇叶片旋转的方式会有什么区别呢？

如果你仔细琢磨风扇，我是经常琢磨它们，这是你构思的理想风扇图片。如果你对风扇有一些经验，你可能会构思出更贴近实际的风扇图片，你也可以标识出风扇死区就在叶片轮毂上方的风扇中心。

忘记想象的理想风扇，你用自己的手贴近风扇，风扇出来的空气不是直吹的，它以旋转的方式吹出来，有点类似于图 2-17。

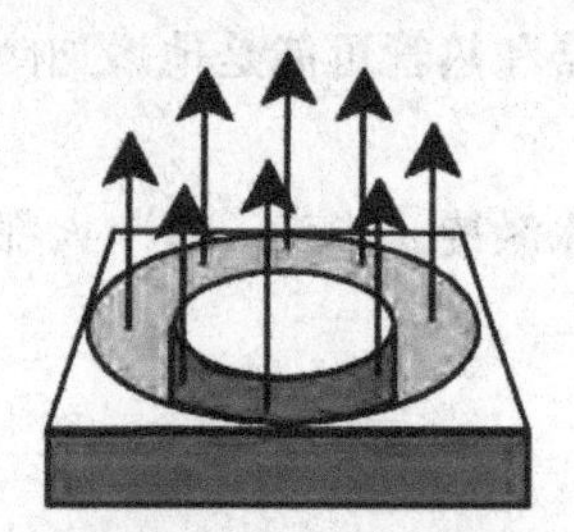

图 2-16　理想风扇

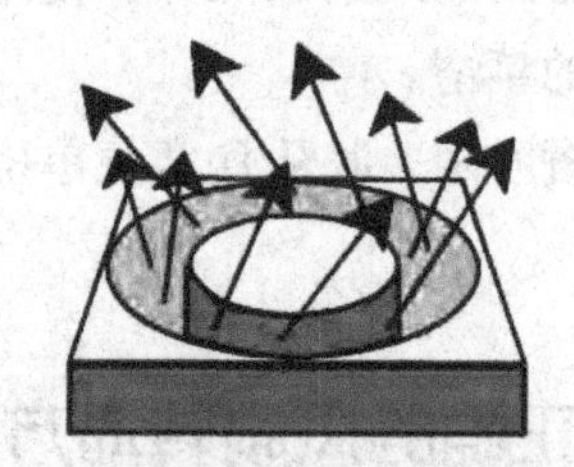

图 2-17　实际风扇的旋转

你无法看到风扇旋转，就如同图片中的小箭头。但为了观察成角度的风扇叶片旋转产生的斜向空气流动，你可以在风扇出口处系上一些细绳。你可以看到空气与风扇形成一个角度吹风，并且在各个方向上并不相同。不仅如此，而且风扇出风的角度与旋转方向有关。顺时针旋转风扇的出风图片是逆时针旋转风扇出风图片的镜像。我不是在谈论同一个风扇的顺时针和逆时针旋转，我所谈论的是两个风扇电动机旋转方向相反，叶片表面也不一样（见图 2-18）。

㊀ "Fan swirl and Planar Resistances Don't Mix," 9th International FloTHERM User Conference. www.flomerics.com。

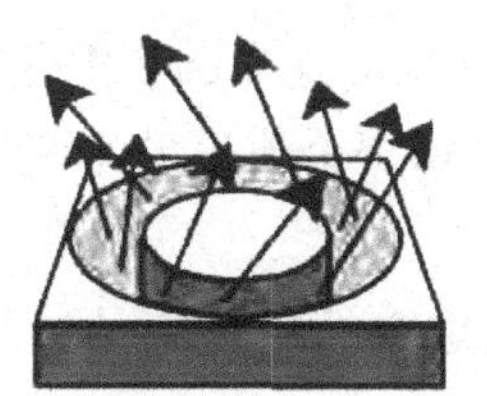

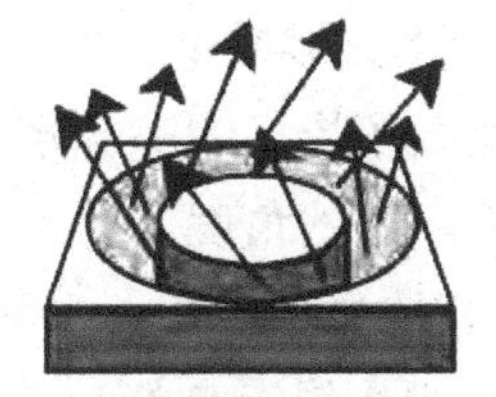

图 2-18　顺时针和逆时针旋转风扇的出风图

我不是第一个发现这个问题的人。但为什么以往使用风扇的人没有注意到这个问题呢？

可能我是一个幸运的人，遇到了一个很差的机架设计方案，以至于风扇转向的问题非常明显，使得像我这样的人都会注意到。

由于通常在风扇和电子元器件之间有大量的流动阻碍物，诸如 90°弯角或打孔板，所以在常见的机架中风扇流动方向的问题不是非常引起人注意。例如，如果你的元器件位于风扇出风位置 10ft 远的地方，风扇旋转出风不会产生任何影响。管道、格栅或 90°弯角等流阻都足够消除风扇旋转出风的影响。像这些案例中，没有人会注意到风扇旋转出风的影响。

但现在电子行业的趋势是将更多的元器件放在一起，使每一个元器件更小，并且产生更多的热功耗。所以风扇被增加到之前未使用风扇的系统中，并且风扇与电子元器件之间也靠得越来越近。令人遗憾的是在我们的系统中再也没有空间容纳 10ft 长的风道，这个风道可以克服风扇冷却的缺陷。

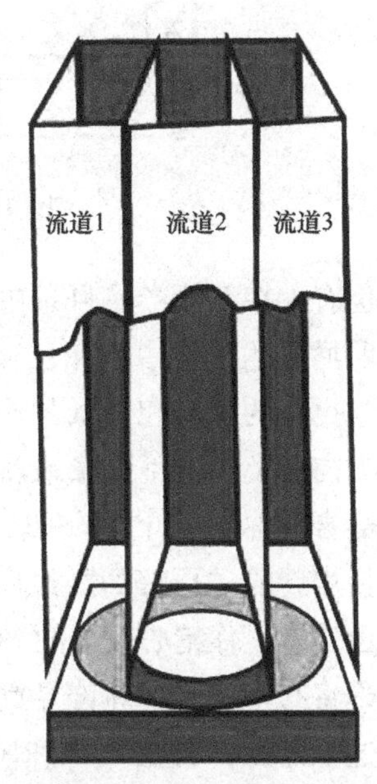

图 2-19　如果你将这些 PCB 布置在风扇出口处，你是否可以得到良好的空气流道

我还没有解释风扇旋转出风是如何影响元器件温度的。不是为了取笑无辜的摩尔，他是我报告中所提到的机架设计者，让我们来看一下一个有待证实的例子。这个例子有着 2100 机架一样的重大设计缺陷——PCB 与风扇出风口面贴得非常近。如果我们在之前出现的旋转出风风扇口放置四块 PCB，此时，会发生什么情况？在这个草图中我们看到风扇被分隔，但在我们的小实验中，我们假设四块 PCB 形成了非常封闭的风道，空气从底部进入，从顶部出

去。四块 PCB 在风扇上方形成了三个空气流道（见图 2-19）。

每一个流道都覆盖了风扇的一部分。每一个流道的空气流动形式会怎样呢？记住风扇的出风带有一定的角度。

图 2-20 非常明显地显示了每一个流道内的空气流动形式是完全不一样的。例如，流道 3 沿着右侧边缘有良好地空气流动，但在左侧有一个流动死区。假设你通过测试机架证实了这一点。当你对流道 3 内的 PCB 上元器件进行布局时，可以参考这个信息。你可以将所有的高温元器件沿着右侧边缘布置，在这个位置元器件会得到最多的空气流量。不错的主意！

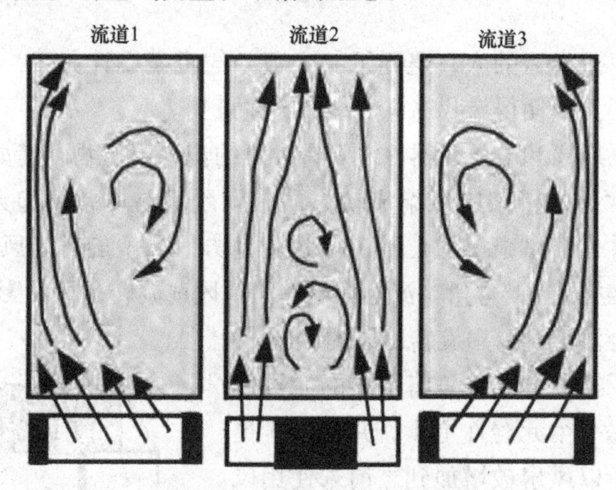

图 2-20　流道内的空气流动形式

但有人在新的产品目录中发现了一种更好的风扇，它的设计者可能位于遥远的明尼苏达深林中，并且很少与你交谈。这种风扇有着相同的尺寸，更大的流量，更小的噪声和更低的成本。他没有意识到这个新风扇与之前测试的风扇旋转方向相反，毫不犹豫地就采用了它（他怎样才能知道？大多数的风扇说明书不会告诉你风扇叶片的旋转方向）。

使用新的“更好的”风扇之后，流道 3 中左侧将会有更好的空气流动，而右侧会变差。你精心设计的 PCB 会变得更热。除非你知道风扇旋转出风的问题，否则你将有一段非常痛苦寻找原因的时间。

这就是为什么在 PCB 和风扇之间留有一段距离和放置一些均流装置（例如，我的最爱过滤网）。它们或多或少地可以平顺空气流动和减少风扇旋转出风的不利影响。

或者你可以将风扇放在机架的出口处（在电路板上方，抽风）。在风扇的入口没有空气旋转效应。认为风扇入口处也有空气旋转效应的想法是错误的，所以我们应该忽视它。

我想……

2.7 温度和噪声

电话的那头似乎是 Herbie。非常嘈杂的声音使我几乎不能分辨出人的说话声。

我冲着电话大喊："Herbie？你在机场旁边吗？"

他说："什么？"

我问："难道你驾驶着货车在追逐龙卷风吗？"

他尖叫："浪费了一个西红柿？在实验室等我！"

当我到达那里时，Herbie 正站在门口处。他沾沾自喜地说："我再次使你免受责备。"

我说："嗯，我认为应该谢谢你。"

Herbie 一边用肘推我进实验室一边说："还记得当你告诉市场部的伙计们 Seraphim 机架无法散热时，他们是多么失望啊！"

我有点害怕，当时他们失望得看上去足以将我的职工优先认购股权作为午餐吃掉。

Seraphim 是 HBU 光接口的代号。每一样东西都必须可视化，所以我们在 HBU 和光纤之间需要一个接口。要不然大脑如何连接到光纤，并与视觉神经和眼球相连接？第一版具有两个眼睛的 ON&E（视觉神经和眼球）模块受到客户的好评，以至于客户提出要一个更高容量的版本。有个家伙做了一个八只眼睛的 ON&E 介绍 PPT，并且证明了它的可行性，最关键的是他已经向客户展示了介绍 PPT。更多的眼睛会产生更多的热量，从而使人想起了以赛亚书（《圣经》的第 23 卷书）中的天使，因此它的名字为 Seraphim。

Seraphim 一直计划要推向市场，直到我指出它的缺陷。我指出风扇盒无法产生足够的空气去对它进行冷却。之前 ON&E 模块几乎正好满足正常工作要求，现在热功耗是过去的 3 倍。如今 Seraphim 在散热方面的可行性，连傻瓜也一清二楚。没有更多的空气流量，连接 HBU 的 Seraphim 将会变得非常热。

Herbie 说："除非风扇盒变得更大，否则你认为现有的风扇盒不能产生更多的风量，并且没有更多的空间容纳更大的风扇。但我从网上找的一款与我们现在用的风扇一样尺寸，但性能强一倍的风扇！销售这款风扇的公司同时也经营金块和进口冷冻鲶鱼，但这款风扇确实是一个重要成就。"

他从一个带有鱼腥味的硬纸盒中拿出一个风扇（见图 2-21）递给我。风扇被使用说明书包裹着。Herbie 是对的，覆盖在风扇上的说明书其实是一句评论“这种风扇确实是一个重要成就！根据其性能曲线，在给定的压力条件下，它产生的风量是我们现有的风扇 2 倍。”

我说：“从风扇说明书来看很好，但你如何确信它真正……”

Herbie 滔滔不绝起来，说：“让我展示给你看！”他将我带到设备机架前，我已经将六个欧米茄风扇放入现有的风扇盒中。它与我现有风扇盒并排在一起运行，以比较它们的性能。

图 2-21　革新性的欧米茄风扇可能是你最近才听说的

Herbie 指向安装在机架中的两个风扇盒。他示意我将手放在每一个风扇盒的出口处。我小心翼翼地照做。

我说：“哇，欧米茄风扇的流量真的很大。但噪声也更大！就像一个吹风机在我耳边不断工作。”

Herbie 大声地问：“谁是吹机？”

我按下风扇盒上的开关，噪声消失了。逐渐地我们听到隔壁试验台人们的聊天声音，电话铃，手指敲击键盘的声音。我轻声地重复：“更多的噪声。使用性能更强风扇需要付出一定的代价，为了产生更多的空气流量，风扇不得不旋转得更快。风扇转速越高，产生的噪声也越大。你是否知道有一个对于通信交换机设备的 Telcordia 可闻噪声限制。”

他回答：“事实上确实如此，GR-CoRE-63 限制可闻噪声为 60dBA。欧米茄风扇恰好是 59dBA，它在限制范围内。有什么问题吗？”

我说：“这不同于额定电压，噪声会进行叠加！”

Herbie 看起来充满疑虑：“你意思两颗风扇的噪声为 118dBA？那似乎是不对的。我认为喷气发动机才有那么大的噪声等级。”

“它不会达到那个噪声等级。因为你听到的最大声音是最小声音的 10^{13} 倍，甚至更多。用对数形式描述声响更有意义。我可以提供你正式的公式㊀，但你可以记住一个简单的方法。用于 Telcordia 标准的声压级。如果噪声源翻倍，则噪

㊀ 理想噪声源叠加计算公式：

$$L_N = L_1 + 10\log_{10}(N)$$

式中，N 是噪声源数目：L_1 是一个噪声源的噪声值：L_N 是 N 个噪声源的累加值。例如，如果 $N=2$，则 $10\log_{10}(2)=3\text{dB}$，这与之前提到的经验结果一致。

声增加 3dB。所以如果一颗风扇噪声为 59dB，则两颗风扇为 62dB。四颗风扇将是 65dB，六颗风扇为 65 ~ 68dB。”我说。

Herbie 说：“大人物，68dB 听起来似乎并不高。我没有看到有人耳朵流血出来。发生这种情况时的噪声为多少 dB?”

我从网络上得到了表 2-1。它给你了一个 60dB 噪声的感性认识。

表 2-1

分贝（dB）	典型声音
120	大炮，摇滚音乐会
110	高架列车
100	锅炉厂或宣传片
90	未消音的卡车
80	嘈杂的办公室
70	平常的街道噪声
60	平常工厂或有小孩的家中
50	平常办公室
40	图书馆或殡仪馆

“根据 OSHA 网站的信息，除非噪声达到 85dB，否则你不必担心听力受到伤害。”Herbie 说：“那为什么 Telcordia 非常挑剔地要求 60dBA?”

我说：“我会给你一个更详细的解释。”之后我再次打开欧米茄风扇盒。我在嘈杂的环境中进行着解释。在很长的一段时间后，Herbie 恍然大悟了，并且关闭了风扇。

我总结：“……正常的交流。”

Herbie 推理说：“明白了，风扇在这个噪声等级不会伤害你的耳朵，但它会使人们很难进行交流。并且，我猜想人们不得不在装有我们设备的房间中工作。如果人们不能相互交流，他们可能犯错和无法使用电话。”

“也许你可以使用挡板和海绵来抑制噪声，但那会占用更多的空间。或者你可以降低风扇转速。当风扇转速（*RPM*）改变时，你可以通过下式计算噪声的变化。”

$$\text{噪声变化} = 50\log_{10}(RPM_2/RPM_1) \qquad (2\text{-}7)$$

“如果你将风扇转速减少 50%，你将风扇噪声降低了 15dB。”我说。

“但如果我降低风扇转速，我会得到你先前旧风扇一样的流量。”Herbie 说：“欧米茄产生更多风量的唯一方法就是提高风扇转速！现在我该做什么？市场部销售正在赶过来看成果的路上！”

我略微想了一下说：“你有两个选择，你可以假装你已经消失了。或者你可以想办法使市场部销售相信所有的这些噪声都是新功能。”

2.8 各种元器件的温升限制

我正在主持星期天早上关于电子散热的广播访谈节目（“Hot Air on the Air with Tony K”）。突然，我在电话中听到了一个熟悉的声音。

“Herman 在霍姆海德打来电话。”我向他问候：“你好，Herman，你正在参与‘Air With Hot Air’节目。”

这个打电话者说：“第一次打来电话，我是一名老听众了，我每个星期去教堂前都要收听你的节目……”

我打断他说：“我想你可能会谈论高尔夫课程。”在玻璃后面不断抽烟的制片人 Johnny 对我尝试的幽默翻着白眼。

Herman 说：“高尔夫？有电子散热方面问题的人会比其他人更倾向于进行祈祷。”

我说：“你现在找我，今天你有什么散热问题？”

他说：“我听你的节目，并且看你写的书，我还计划看你拍的电影……”

我说：“哦，孩子，电影！你是否认为 Lithgon（美国著名演员）愿意与我一起演戏。其实我更愿意和 Hanks（美国著名演员）合作，虽然在彩排时他对散热器没有太大兴趣。”

Herman 说：“毋庸置疑，Lithgon 的舞蹈非常不错。我们还是谈谈你的书，你的书中一直强调一件事情：元器件结点温度。你说电子散热的核心是让硅芯片的温度降下来。”

我说：“温度对于元器件失效有关系。发热元器件内部的温度会影响元器件的失效率。你不能仅通过测量空气温度就认为你的元器件工作良好。你需要测量元器件的温度。”

Herman 说：“对的，所以我一直遵循你的观点，关注元器件的结温，使它们工作在限制温度以下。但由于我过分关注于元器件结温，我忽视了一些其他的散热问题。”

我说：“听起来，你有一个非常特殊的例子。”

他说：“当然，我正致力于一个电子宠物追踪系统，结合了手机和 GPS 技术。你在你家宠物狗皮肤下植入一个 ID 芯片，如果它跑远了，警察可以发现它所在的位置。我负责设计的盒子是起追踪和显示的作用，并且需要比以往更快的处理器。例如，它在追踪像幽灵一样快速移动的狗时，处理器不停地工作，并且发出 110W 的热功耗。”

我说："所以你希望我推荐一种处理器的冷却方式？"

他回答："并不是这样。我在处理器上装了一个带有风扇的散热器。由于处理器中内置了一个温度传感器，所以你很容易通过观察计算机屏幕就知道处理器的结温（见图 2-22）。"

图 2-22 测试之前 Herman 的散热器风扇

我问："听起来不错，那还有什么问题？"

Herman 叹了一口气说："理论上看一切都非常好，之后我们进行了测试。如果你有整晚在监狱或狗池中的经历（谁会没有这种经历呢？），那么你就知道它们的温度控制就不像 Ritz 大酒店那样。当针对犯人和动物进行温度控制时，安全和环境标准就没有那么严格。它们允许的室温可以达到 40℃（104℉）。在我的测试中室温通常为 20℃，处理器温度为 70℃，所以我认为在最高环境温度测试时，处理器的温度会上升到 90℃。因为处理器的工作限制温度为 105℃，所以不会有什么问题。我们将它放到一个温度为 40℃ 的恒温箱中。起初一切都非常好。处理器温度快速上升到 88℃，之后趋于稳定。一切都显得很好，但 2h 之后，处理器温度突然快速上升，之后温度读数停止。这个处理器就失效了。"

我说："这也太离谱了。发生了什么？哪一个元器件有问题？散热器脱落了吗？"

Herman 说："在我打开盒子之后，一切真相大白。""处理器温度是 88℃，散热器温度为 78℃，风扇温度大约为 75℃。不幸的是我发现在测试之后，那台我选择的昂贵塑料风扇额定工作温度为 60℃。散热器传递到风扇上的热量使风扇外壳变软，当风扇崩溃之后，风扇停止了工作。没有冷却空气之后，处理器温度上升直至失效（见图 2-23）。"

我说："哎唷，听起来你需要一个更高额定工作温度的风扇。"

他说："哦，我现在知道了，我只担心元器件的温度，而不考虑风扇的温度。我没有预料到风扇会过热，等知道一切时都太晚了！"

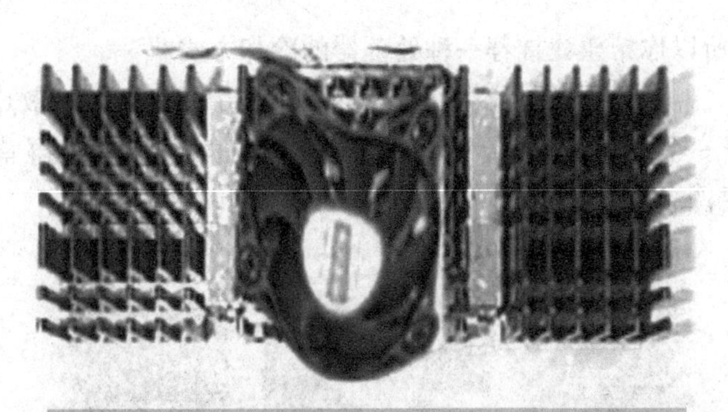

图 2-23　原因是风扇有一个比处理器更低的温度限制

电话热线突然一下打进来很多电话。Johnny 没有询问我就将它们接通。他通过这种方式来折磨我。

“嗨，我是来自威斯康星州詹士维尔的 Jane。Herman 是对的。你不能仅仅关注元器件的温度。你是否知道欧洲通信标准 ETSI 要求机柜的出口空气温度不能超过 70℃，因为热空气可能加热通信电缆，它们的额定绝缘温度可能只有 70℃。

我尝试去回答：“是的，但……”

“Tony，我是来自伊利诺伊州加利纳的 Gail。我的 DSP 芯片在壳温 90℃时能正常工作，但我们将激光收发信机的输出光纤架在芯片上方时，它的塑料外壳熔化了。它们的最大耐温为 85℃，我发现熔化并不好。”

我说：“Gail，当然你需要……”

“是我吗？行，我是来自伊利诺伊州普林菲尔德的 Joe，不要忘了人可接触的温度限制。电源背部的散热器使二极管工作在 100℃，但你不想任何人去碰到它。温度可能是一个安全隐患，所以保证可接触表面温度小于 70℃。你最爱的通信标准 NEBS GR-CORE 要求在室温 26℃条件下，任何设备朝向通道的表面（例如前门）温度必须低于 38℃。所以经过的人不小心碰到设备也不会得到一个意外的你们公司标记纹身。哦，对不起，我不想虚构一个假名字。我确实是来自伊利诺伊州普林菲尔德的 Joe。”

还在线上的 Herman 补充说：“PCB 有类似问题吗？环氧树脂是否有温度限制，可能对于一个绕线电阻而言，175℃的温度也能正常工作，但它会损坏 PCB。我们常用的 PCB 最大额定温度为 105℃。你错误地指引我们，让我仅仅考虑元器件结温。”

其他打进电话的人也说：“是的！”

我说：“是的，我可能在过去的几年中过分强调了元器件结温。只因为我过分热衷于纠正一个不正确的行为，这就是你们通过测量出口空气温度来评判热设计是否满足要求。”

Gail 说：“Tony 不要伤心，我们还是喜欢你的。”

我说：“这就是这个节目的目的。喜欢、喜欢和散热器。”

Johnny 在空中弯曲他的手指，示意在新闻之前结束节目。

我总结说：“谢谢 Herb，我的意思是 Herman 有深刻见解的电话咨询。我们总是可以从我们的错误中学习进步，但从其他人的失败中更容易学到东西，你的宠物追踪系统失效就是一个很经典的例子。所以，我们可以在教堂中回想起这个经验教训，我们必须知道元器件的结温。这是必需的，但我们不能忘了其他电子设备的组成部分：PCB 材料、风扇、电线、光纤、标签纸和金属片。它们也是元器件，它们也有温度限制，就如同运算放大器、二极管和内存。你甚至可以将冷却空气看成你的一个元器件，我希望我能给你一个需要测量元器件的清单，但它不可能包含所有你担心的事情。例如，如果你将一个元器件植入宠物狗中，这个元器件最高温度为多少？”

“下周再见！我是 Tony。降低温度，并且记住我的口号：‘没有广播访谈节目不能解决的问题’。这个节目的赞助商是 Grandma Bonnie 氮化硼颗粒。如果你想要提升你的导热硅脂性能，不要忘记 Grandma Bonnie。”

本章第一次出现在《Electronics Cooling》2002 年 8 月月刊中，已经得到再版的授权。

第3章　元器件和材料：很多元器件有时就是一个问题

当大学实验室研究电子设备内部的热交换时，它们几乎不会使用实际的PCB和电子元器件。PCB通常使用轻木等均一材质的热绝缘材料替代，而元器件采用铝块来替代。为什么这样做呢?相当明显，研究者需要简化电子设备，以便他们更方便地了解设备中的换热机理。他们研究流体流动和热交换现象，因此不希望太多真实器件的细节使问题复杂化。

非常遗憾的是我们不能这么做。如果元器件以相同尺寸的铝块来替代，那么计算元器件温度的工作将变得很简单。如果我们没有将铜走线与绝缘材料混合在一起，那么PCB内部的导热也将很容易计算。

但我们需要对真实条件下的元器件进行冷却，所以我们不能这么做。电子设备不会根据我们的期望而建立。所以除了学习神秘的导热、对流和辐射知识以外，你必须学习一些电子封装，以及它们通常所采用材料特性的知识。你可能会被要求回答一些你认为永远都不会听到的问题，例如：“如果你对一个铝散热器镀金，会发生什么情况?”

3.1 在条件允许范围内无法工作

Herbie 与我有些不愉快，但他很喜欢这样。“你告诉过我，我的 DREC (Dual Redundancy Encephalo-Conduit) 模块散热不存在问题，但现在我却有这方面的问题。”

他给我看了一份旧的热仿真报告。我粗略地看了一下元器件仿真温度，并且耸了耸肩问：“有什么问题吗？”

他说：“这里有三个定制的芯片 Id、Ego 和 SuperEgo。你预测的最恶劣条件下元器件结温为 92℃，由于元器件说明书中给出了它的工作结温限制为 100℃，所以你认为散热没有问题。”

我反驳说：“我最后一次检查时，92℃依然小于 100℃。有什么问题吗，难道它的温度更高吗？”

他说：“你的预测没有问题，它的温度在允许范围内。说明书中 100℃的温度限制意思是在 100℃时，芯片根本无法工作。我的问题是在我的电气电路中信号时序非常重要。但当 Id 和 Ego 芯片超过 80℃时，它们之间停止了信号传输。它们没有坏掉，可以给出合适的信号，但时间存在延迟，当一个芯片发出信号时，另一个芯片根本无法接收到。”

我问：“SuperEgo 的情况如何？”

Herbie 挥了挥手说：“它仅仅在检查模式下工作，在系统日常工作条件下不会有任何动作。”

我说：“你确信是 80℃？这个温度对于集成电路来说非常低。你怎么知道芯片信号延迟与温度有关？”

他说：“当我实验桌上的系统处于室温条件下时，所有的芯片都能正常工作。但当我将系统放置到恒温箱中，则元器件温度开始升高，电气电路开始无法正常工作。看起来就像是它的性能随着环境温度的升高而衰减，而并非是随着工作时间而衰减。”

我摇了摇头说：“这是关于电子元器件说明书的问题。无论谁在最大工作温度中写入了相关数值。例如像 100℃这样一个数值，他们都不会告诉你它的意义。这个芯片会在 101℃时烧毁吗？它会开始无法工作吗？或者是这个芯片开始变得不可靠吗？没有人知道，所以我怎么会想到去了解时序问题限制？它与你的电路中延时的情况有关。对于像我这样的热设计工程师而言，这些芯片就如一大堆奇形怪状整天将电转化为热的电阻。”

这就是容易出现问题的地方。温度影响电路的工作方式，甚至是在所谓的正常工作范围内。但电气设计（Herbie）和热设计（我）每一个人都只了解了问题的一半。如果我们不以正确的方式互相合作交流，这些温度所产生的影响可能直到出现问题才会发现。Herbie 和我的交流就如同 Id 和 Ego 芯片一样重要。

以下一些例子是我所能揭示的温度影响元器件的功能，甚至是当元器件工作在“正常工作范围内”。

电容

片状电容在它们说明书给出的工作范围内可以很好地工作，但留心劣质的Ⅲ类陶瓷电容，它们可能在达到 85℃ 环境温度工作限制之前，就已经丧失了它们 56% 的电容量。

电力整流器

图 3-1 是反向电流通过肖特基整流器的曲线。当二极管的结温超过 75℃ 之后，它的特性就类似电阻而非二极管。反向整流器的热功耗突然由 75℃ 时的 0.045W 上升至 150℃ 时的 4.5W。这可能会产生散热的问题（散热问题：产生少量的热，温度上升。但如果温度上升改变器件特性，它可能产生更多的热，由此热量和温度可能不断地快速上升）。

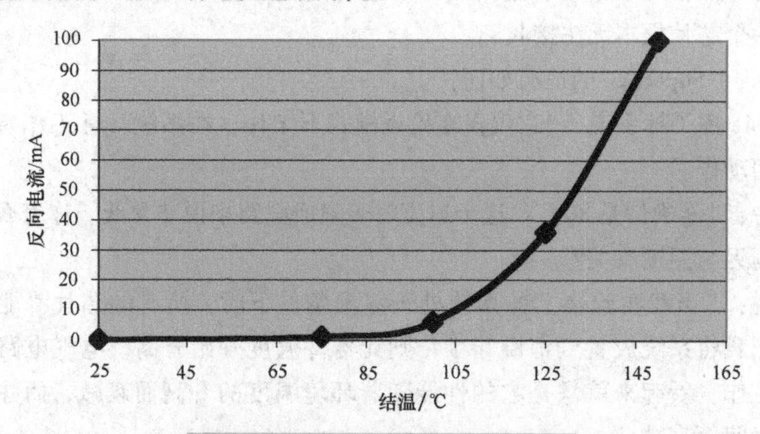

图 3-1　45V 反向电压下的反向电流

EPLD

与之前的电容相反，这个定制的 EPLD（Electronically Programmable Logic Device）芯片有一个特殊的特性，它的温度越高，产生的热损耗越少（见图 3-2）。Herbie 认为如果他将这个元器件放在二极管的上方，可能会得到一个不需要输入功率的电路。

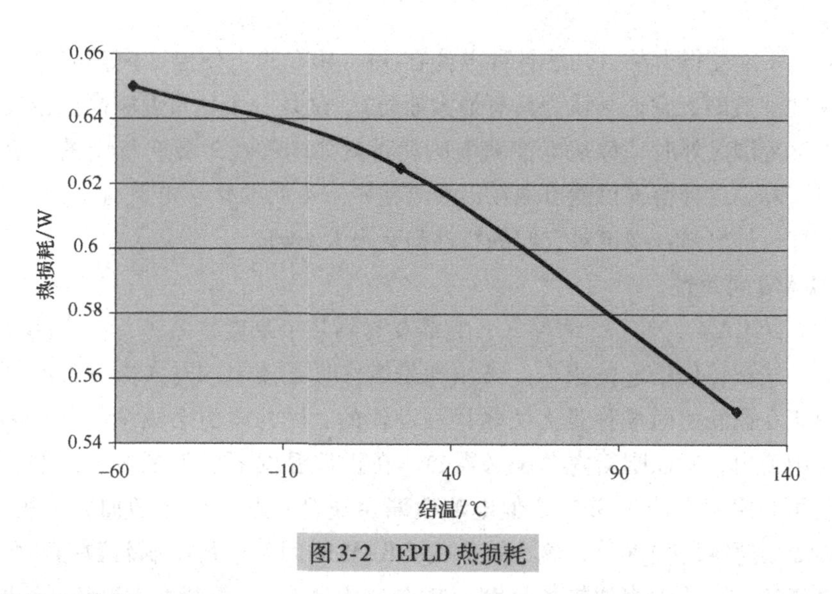

图 3-2　EPLD 热损耗

晶体振荡器

温度会改变晶体振荡器的频率，如图 3-3 所示。一般的元器件说明书通常会注明它的工作频率被限制在正常工作范围频率的 ±0.01% 之内，但不会告诉你如何切割晶体可以改变其频率。图 3-3 显示了一个石英晶体在不同方向和切割角度条件下，温度对其频率的影响。非常明显，如果你关注你的时钟电路精度，则它们中有一些会在高温下比其他晶体能更好地工作。

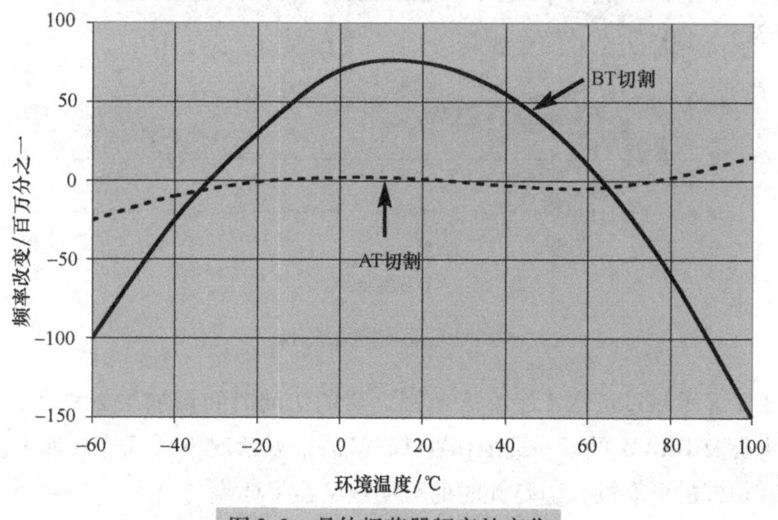

图 3-3　晶体振荡器频率的变化

电池

每一个冬天的早晨，当我尝试发动汽车时，我都会确保电池不能太冷。同样，它们不能变得太热。几乎各种电池在 30 ~ 40℃ 的工作温度内都有一个最大能量密度（此时，它们被认为具有最大能力），这是一个比室温略高的温度。在这个温度范围之外时，你从电池获取的能量就如同你在午餐会议中的注意力一样急剧下降。这种情况可能出现在铅酸电池中。不同的化学电池有不同的特性，但你记住一件事情：温度对它们的特性都有很大影响。

DRAM 可用性

动态的 RAM 就像一个青年——它需要每隔几个毫微秒就进行内存刷新，否则它就无法记住你给它的指令。可用性是指你真正读出和写入内存的时间，而当内存正在刷新的时候你是无法做读写动作的。因为电流会逐渐从 MOS- Based DRAM 中流出，所以刷新内存是必需的。在正常温度下这不是一个问题，此时内存的可利用率大约为 99%，但电流泄漏会随着温度升高而增加。一般看来，当 DRAM 结温超过 100℃，绝大多数的 DRAM 时间都被用于刷新数据。数据手册中关于这方面的内容比较少（我很想知道为什么），但我在 Hitachi 的手册中找到了图 3-4，它显示了 DRAM 的访问时间会随着环境温度的升高而增加。

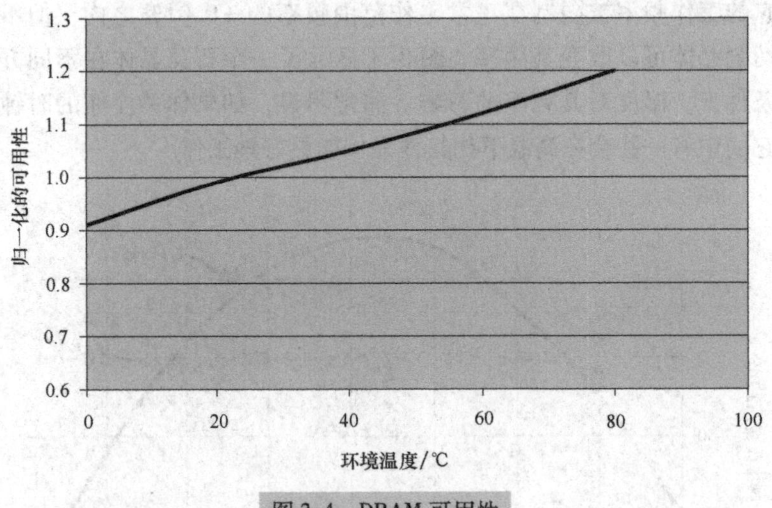

图 3-4　DRAM 可用性

图 3-4 显示超过正常工作温度范围之后的访问时间增加了 20%。军方可靠性手册中提及 DRAM 可以一直工作在 125℃ 的结温状况下。可能在那个温度下，它们还有很好的可靠性，但是此时的可用性又会怎样呢？

这些是我解释的有关温度影响元器件特性的几个例子。它们没有涵盖所有元器件，不管怎么样，我是一个很不走运写这个主题的人。我不清楚这些元器件在系统中会产生什么影响。我只是努力使它们的温度足够低。电感、微处理器或激光器又有什么情况？电路板特性、绝缘层之间电容量是否会随着温度发生变化？我对它们有些了解，但它们对常用电路中的功能有多重要？什么是“常用”电路的功能？

我不得不放弃寻找一些关于这个故事的有趣、简洁和启发性的妙语。这个故事的收获就是当我们碰到这个问题，Herbie 和我发现了一个更复杂的问题。结果是对于很多电子元器件而言，没有一个简单的工作温度限制。温度和功能有一个复杂的相互影响，并且当元器件被应用到不同电路时这种相互作用可能发生变化。

令人遗憾的是元器件功能和温度相互作用越复杂，Herbie 和我之间的配合就越困难。这也就意味着我去夏威夷，并且通过电子邮件和即时通信方式解决热问题的梦想目前不得不被推迟。

3.2 选择合适的熔断器

几乎每一块电路板都至少有一个熔断器，如图 3-5 所示。

可能没有一个元器件或走线的特性像熔断器一样。

熔断器不是由电路工程师所发明的。工程师希望电特性符合电路原理图，并且他们知道他们不会设计任何短路的电路，所以他们哪里会操心用一个元器件来防止万一会发生的灾难呢？熔断器是由火灾保险公司发明的，那也就是为什么工程师在选择一个熔断器时需要斟酌再三。

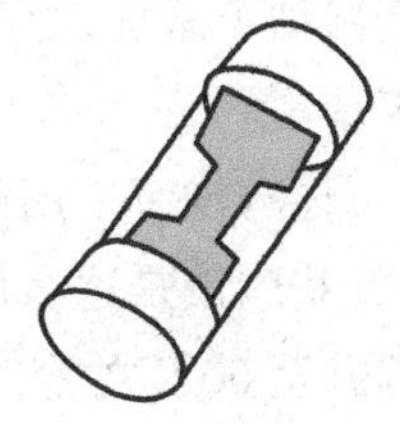

图 3-5　熔断器

非常讽刺的是，如果你设计一个合理的熔断器，那么它永远也不会工作。

熔断器与其他种类的元器件不同，主要因为：

- 如果你为实际应用选择了合适规格的熔断器，它永远不会有任何动作。
- 它是唯一一种严格地受热效应工作的电子元器件，但是我们永远不会去预测或测量它的温度。

Jacques 从蒙特利尔研发实验室给我打来电话，这个实验室具有一个用于 OutreNet 项目测试的环境。他已经设计了 OutreNet 项目的主电路板、室外非限制的接口和网络优化节点模块。OutreNet 是被安装在城市室外街道中的多接口网络连接系统。它是一个政府代理项目，是一种将网络引入各个城市的一种方式。“为无家可归的人提供网络”是它的广告语。

电子设备被安装在一个拴在人行道旁的亭子内。这个亭子可能暴露于各种气候条件下，并且为了防止人为破坏和虫鼠进入亭子，所以亭子没有任何空气通风孔。在夏天的时候，亭子内部的温度可能非常高。亭子的说明书中要求 Jacques 的 PCB 能工作在 60℃环境条件下。

对于 Jacques 已经计划采用的高速、高功率元器件，60℃的环境温度非常具有挑战性。所以在他制作样机之前，我为他做了许多 PCB 的热仿真工作。他受热仿真报告的指导，调整了元器件位置，增加了一些散热器，并且将一些元器件替换成能在更高温度下工作的元器件。最终 Jacques 得到了一个我认为能使电子设备在 60℃亭子中工作的布局方案。

我问："你的环境测试是如何进行的?"

Jacques 说："这里测试实验室的伙计们快把我弄疯了！我们已经白白耗费了半天的时间尝试让系统更长时间地工作，以便完成测试。每一次当我们想完成恒温箱 60℃条件下设备的功能测试循环，NON 模块的输入熔断器就烧毁了。第一次我们将恒温箱温度降低，打开恒温箱后更换模块的熔断器，并且寻找一些引起电流短路的原因，例如一个弯曲的连接引脚或松动的金属线。我们在插件框架的底部找到了一颗螺钉，所以我们认为引起短路的原因就是它。20min 后重新启动了系统，空气温度升高，随着'呼'的一声，同样出现了熔断器破裂的声音。"

"你有没有采用质量好一点的熔断器支架呢?"

"我应该是这么做了。但第二次，我们用了一个新的 NON 模块，即便在环境温升至 60℃之后，系统启动和运行也非常良好。在 30min 的信号传输测试之后，NON 模块的熔断器再次烧掉。"

我说："你已经发现短路的原因吗?"

Jacques 说："这是一个散热问题！我最后决定看一下是否熔断的规格满足要求。在 5V 条件时，测量得到的输入电流为 2.5A。而熔断器标注的额定参数为 125V，3A。"

"我听起来没有问题，2.5 小于 3。你有没有认为当亭子变得更热时，它会引起更大的电流?"

"那不是问题所在。我测量了室温和 60℃环境温度下熔断器的电流。两者的电流并没有什么不同。不同的是熔断器的温度。当空气温度为 60℃时，熔断器变得很热。此时它不再具有通过它额定电流的能力，所以它熔断了。"

我说："熔断器的工作方式是这样的。它内部有一个电阻，只要电流变大，它就会变得更热。当电流超过了熔断器的额定值，内部的金属必须被加热到足以熔化，从而将电路切断。如果熔断器被使用在更高的环境温度时会更敏感，它的自身温度会更接近熔断温度。”

Jacques 说：“所以当你做了所有这些热仿真工作之后，为什么你不告诉我熔断器会变得更热?”

这确实是一个好问题。我拿出了 NON 仿真报告。在元器件列表中没有熔断器，在电路板的表面温度云图中也没有熔断器。我将它忽略了。但它在电路板上的位置正好处于两个高热功耗以太网接口芯片的中间，所以这个位置相当热——大约为 90℃。即便熔断器不产生热量，任何在这一位置的熔断器都至少有 90℃。

我说：“看起来我们就像是遇到了《第 22 条军规》（美国作家约瑟夫·海勒作品）。当我对电路板进行温度仿真时，我必须做一些简化。一块电路板上可能有超过 1000 个元器件，并且其中绝大多数为小的电容和电阻。热仿真最多考虑其中的几十个元器件，所以我忽略了其中 90% 的元器件。其中绝大多数不会产生令人担心的热量，所以忽略它们是没有问题的。我仅仅考虑了 0.1W 或者 0.1W 以上发热量的元器件。这里的熔断器会出现一些问题：如果你合理地选择它们，它们不会产生任何热量。所以，忽略它们是没有问题的。但合理地选择它们，你需要知道熔断器的温度。这里有个问题，唯一一种我需要预测熔断器温度的情况是假设你已经选择了错误的熔断器。但对你而言，要选择正确的熔断器，我必须首先告诉你熔断器的温度。我应该假设你是一个多么差劲的熔断器选择者呢?”

通过浏览熔断器供应商的网址，我做了一些研究，并且发现实际情况比我想象的更糟。因为熔断器通过熔化一段金属的方式来工作，所以它对环境温度非常敏感。环境温度不是室内的空气温度，而是熔断器周围的温度。我的理解是如果熔断器自身不产生热，环境温度可以被定义为熔断器本身的温度。热仿真可以被用于确定这个“熔断器温度”。

熔断器名义的额定值只有在环境温度 25℃下才有效。例如，一个 5A 的熔断器只有在熔断器温度为 25℃的情况下才能通过 5A 的电流。在更低熔断器温度条件下它可以通过更大的电流，但如果温度更高，则在熔断器熔断之前通过的电流也会减少。这是非常容易理解的。

但实际情况并不完全这样。即便在 25℃的环境温度条件下，熔断器供应商推荐熔断器降额至额定值的 75%，以避免令人讨厌的熔断现象发生。所以即便在正常的室温条件下，处理一个 7.5A 的负载时，你应该使用一个额定值为 10A 的熔断器。

更重要的是，因为熔断器温度的原因我们需要对它进行降额。图 3-6 显示了两个常见的熔断器额定电流与温度的关系。不要使用说明书中的数据作为你实际选择熔断器的依据。不同的熔断器可能具有非常不同的特性。有一些的额定电流受温度影响很大，有一些则相对较小。

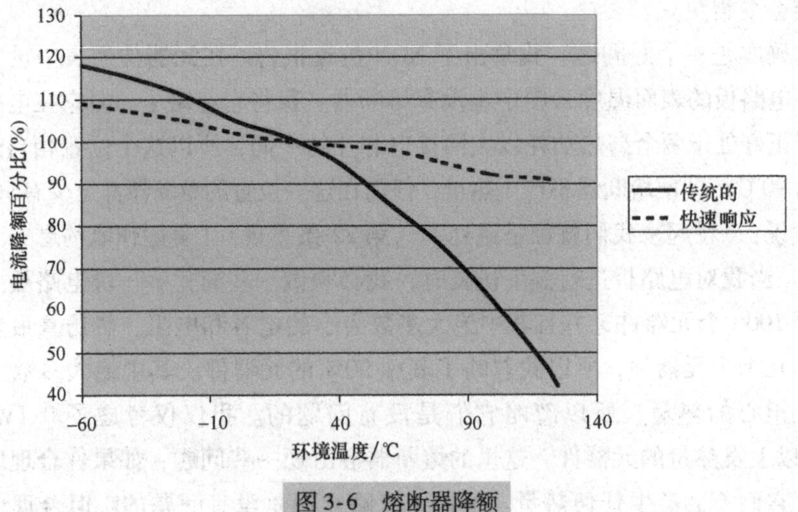

图 3-6 熔断器降额

为什么图 3-6 中有两条曲线呢？虚线代表了快速响应的熔断器，在环境温度 125℃时，它们的电流额定值仅仅下降了 10%。实线是传统的慢速熔断的熔断器，因为它们使用了更低熔点的金属，所以受到环境温度的影响更大。猜一猜 Jacques 选择了哪一种熔断器用在它的 NON 模块中。

NON 模块要流过 2.5A 的电流。在名义 25℃环境条件下，具有 75% 的降额，则熔断器的额定值应为

$$2.5\mathrm{A}/0.75 = 3.33\mathrm{A} \tag{3-1}$$

你可能会在熔断器产品目录中选择最接近的 3.5A 熔断器。但 Jacques 选择了一个 3A 的熔断器，即便不考虑更高的环境温度也无法满足要求。让我们来看一下如果他选择慢速熔断器，在环境温度 90℃时会发生什么情况。当亭子内部的温度为 60℃时，90℃是 NON 模块上熔断器的温度。因为他选择了一个慢速熔断的熔断器，所以它能短暂承受电路板接入工作架时的启动电流，以至于电路板可以接入系统，系统依然可以启动。

在 90℃环温条件时，慢速熔断的熔断器曲线表明电流降额大约为 68%。考虑降额 75% 之后的实际应用值应为

$$2.5\mathrm{A}/(0.75 \times 0.68) = 4.9\mathrm{A} \tag{3-2}$$

如果 Jacques 想让它的 NON 工作在最恶劣环境温度条件下，进行四舍五入之后，他需要选择一个 5A 的熔断器。

如果他选择快速动作的熔断器（处理启动电流的方式不同），在环境温度90℃时，电流的降额仅为94%：

$$2.5A/(0.75 \times 0.94) = 3.5A \tag{3-3}$$

从 Jacques 的案例中可以得知：

■ 熔断器需降额使用（75%）。

■ 基于熔断器环境温度应再次进行降额（熔断器环境温度意味着熔断器所在位置的 PCB 温度。如果熔断器靠近一些高热功耗元器件，则这个温度可能会比环境空气温度更高）。

■ 不要因为熔断器不产生热功耗而在热仿真时忽略它们。

3.3 当它发热，所有的热都会进池子

Herbie 问：“使元器件发出的热量进入 PCB，或者进入空气，哪一种方式更好？”

当我正准备投篮时，我斜着看他。我们午餐期间在停车场的尽头会投一会篮球，为下午产品设计回顾会议出点汗。“你所指的更好是什么意思？如果你可以通过将热量出售给你祖母的方法去除热量，那么就这样做吧！”

Herbie 从灌木丛中取回我投丢的篮球。“我的意思是哪一种散热方式更好？对我而言，一块含有大量铜的 PCB 应该是一个相当好的散热器。所以，如果你能将一个元器件与 PCB 中的功率和接地层相连，你可以比仅仅让热量进入到空气中散掉更多的热量。”

我边说边看着他投了一个三分球：“听起来你有一些有趣的设计想法。”

他说：“我们正在再一次减小 HBU 的尺寸，他们将其称为 Head Shrinker 项目。”

我谨慎地说：“当你告诉我你们将在更小的产品尺寸内实现相同的产品功能时，我总有一种反感情绪。就如同很多时候你尝试通过去除我的风扇来减小产品尺寸。”

“我的悲观主义朋友，这一次并非如此！这一次我计划通过将整个电路板功能整合到一个定制的封装中。你唯一可能关心的事情是每一个最高热功耗的芯片发热量由 2W 上升至 5 ~ 12W。”

我说：“哇哦。”同时我非常简单的 6ft 投篮也偏筐而出。

当我把球从铁路轨道处捡回时，Herbie 提高了嗓门看着我说：“我们想为这些芯片选择一个封装类型。我们知道我们可能需要一个 BGA 封装，因为我们需

要很多芯片引脚。但目前在 Cavity-up 和 Cavity-Down 两个阵营中存在一个重大分歧。因为争论的焦点是关于哪一种方式的散热性能更好。他们需要一个更权威的结论来平息这场争论。而且我们也会听取你的建议（见图 3-7）。”

图 3-7　底部具有焊球的 Cavity-up BGA 封装

我放下篮球，并且拿了一支粉笔在一块白板上画了起来，这块白板是一些聪明的工程主管将其随意地夹在篮球架支架上的。有时当天气特别晴好时，我们在篮球架下开会，因此我们需要一些能被涂写的东西。其他时候，一个三对三的篮球比赛往往会变成一个系统架构的讨论。我从午饭袋中拿出纸巾擦掉了白板上原有的原理图符号，并且开始画 BGA 的截面图。

BGA 在封装领域应用非常广泛。作为标准化的表面安装 IC，BGA 封装通过在其下部放置引脚而不是放置在其周围的方式，在有限的空间内增加了可用的引脚数量。这些引脚并非真正意义上的引脚，是以矩阵排列的焊锡球，它们将封装内的电路与 PCB 中走线连接起来，并以引脚作为封装的名字［尽管格栅和阵列是一回事情，所以显得有些多余，就如同 Table Mesa 或 Gobi Desert（在蒙古语中 Gobi 就是 Desert）］。

BGA 封装有很多种结构，但从热的角度来看，有两个基本类型：Cavity-Up 和 Cavity-Down。

Cavity-Up BGA 封装的 die（芯片）位于其基板的上部如图 3-8 所示。基板就像一个小的多层 PCB。对于 die 散发出来的热，它们不得不通过环氧密封剂后进入到空气中，或者通过基板和焊锡球之后进入到 PCB 中。对于导热而言，两条路径都并不是非常理想的。即便当热量能进入到焊锡球，但焊锡球与非常薄的铜信号层相连，所以这个封装类型的热性能不是特别好。

一个这种封装强化散热的版本是在其 die 下方直接增加焊锡球，如图 3-9 所示。

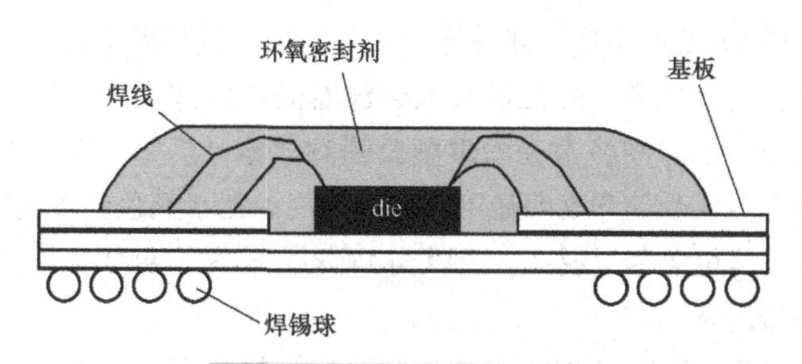

图3-8　Cavity-Up BGA 封装

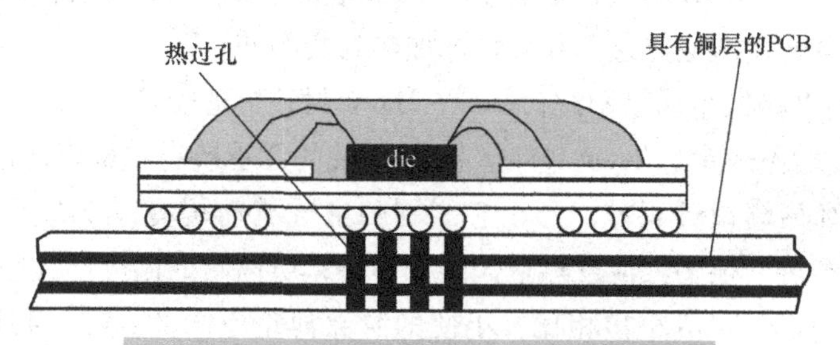

图3-9　Cavity-Up BGA 封装的强化散热版本

如果PCB设计师为这些散热焊锡球考虑了热过孔，则会为die产生的热量进入到铜层提供更好的路径。

Cavity-Down BGA 封装与 Cavity-Up BGA 封装外表看上去非常相似，但内部有所不同（见图3-10）。Cavity（die处基板空缺）向下或朝向PCB。在这种封装中，die背部被粘附了一大块铜散热片。

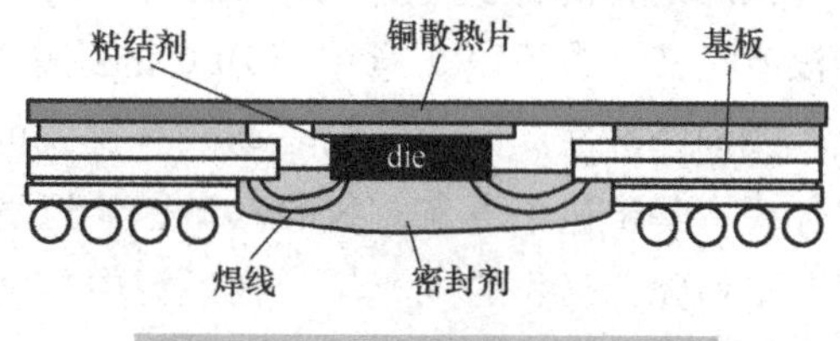

图3-10　Cavity-Down BGA 封装

die产生的热量可以方便地传递进入封装顶部的铜散热片中，但die热量进入基板和PCB的路径非常差。Cavity-Down BGA 封装主要依靠热量进入空气进行散热，而不是进入到PCB中。

Herbie说："好了，那么哪种散热方式更好呢?"

我说："我不知道，我认为这主要依据你所使用它的场合。让我们看一下Cavity-Up封装，它适用于通过PCB进行散热。如果你的PCB上只有一两个这样的封装，那么它们会很好地散热。但如果你的PCB上有十个这样紧挨在一起的封装，那会怎么样?"

"我不是很明白。"

“这就像在游泳池中小便。如果你让一个小孩在奥林匹克标准的游泳池中小便，尿尿会很快的分散开，并且没有人会注意到。但如果游泳池中肩并肩的挤了很多人，就像我小时候经常去的洪堡公园游泳池，当每一个人在同一时间小便，则人们马上会感受到非常明显不舒适的温度和池水颜色的改变。”

Herbie 扭捏地想象着，说：“所以当 PCB 上放置的封装很少时，Cavity-Up 封装应该是不错的选择?”

我说：“主要还是根据 PCB 中这些铜层有多热。假设一块 PCB 上仅仅只有一个 Cavity-Up 的 BGA 封装，但它非常靠近电源模块。如果电源模块加热了铜层，则热量会通过这些热过孔和焊锡球加热封装的 die。”

“所以当电路板布局较密时，Cavity-Down 封装更适合?”

我说：“也不一定，Cavity-Down BGA 封装的几乎所有热量都通过空气带走。但如果你的风扇盒设计很差，那么它周围的空气流动缓慢，或者因为空气在到此之前已经经过了很多其他发热量大的元器件，所以它的温度已经很高。Cavity-Down 小孩与 Cavity-Up 小孩相比，小便的游泳池是不同的。唯一我可以确信的事情是如果你需要为 BGA 封装增加一个散热器，因为 Cavity-Down 封装的顶部是平面，所以它更容易安装。”

Herbie 递给我篮球，以让我再次进行投篮。“但产品说明书上说 Cavity-Down 封装的热阻 θ_{JA} 要比 Cavity-up BGA 封装要小，这有意义吗?”

我的投篮偏出了篮筐，差点击中一辆停放的汽车。“你已经知道 θ_{JA} 是多么的没有意义（参见第 5 章中 JEDEC 的故事）。比较两个封装的热阻就如同比较汽车燃油经济性。你的四轮驱动汽车比我的丰田雄鹰汽车油耗要高，是吗？所以你说：基于这个事实，我的汽车燃油经济性更好。但如果是在泥泞的道路上又会如何呢？当我的汽车轮子在烂泥中打滑时，我的汽车又有什么燃油经济性可言呢？每一种汽车都是为不同的道路环境优化设计的。”

Herbie 将篮球放在他的指尖旋转着。“所以我们该如何决定使用哪种封装？听起来似乎没有一种封装是非常好的。”

我耸了耸肩说：“我认为应该对整块 PCB 进行详细的元器件仿真之后才能回答这个问题。你让多个热源的热量在不同方向上进行传递。我怎么才能简单回答你在每一种可能的情况下哪一种封装散热更好？可能 Cavity-Up 封装在一些电路板的设计中散热更好，而某些电路板的设计中 Cavity-Down 封装会更好。如果电路板上的总发热量很高，则可能它们两种封装的散热都会不好。”

“折中，”我说：“这给了我灵感。”

我在白板上画了图 3-11。

我说：“告诉争论的双方，这是热设计专家所赞同的方案。die 至封装顶部的热阻较小，同时 die 下方的焊锡球可以方便地将 die 的热量传递至 PCB。”

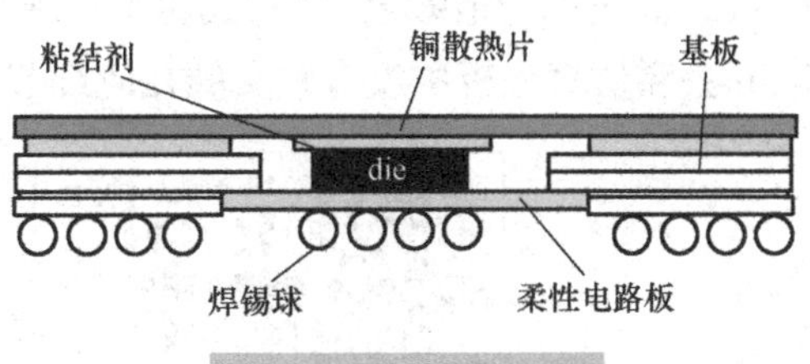

图 3-11 折中的方案

Herbie 在强烈太阳光下斜眼看着白板，说：“什么是 Pi2PBGA？”

“它的意思就是在两个游泳池中小便的 BGA（Pees-in-2-Pools BGA）。”

3.4 不考虑电容？

强迫员工每 18 个月改变办公室这个看上去愚昧要求的背后是有原因的。每一次我不得不进入到新的办公室。我会丢弃掉一半积累起来的废旧物品。与工作相关的习惯也是如此，我不得不重新了解最近的洗手间在哪里，哪一个咖啡机可提供免费的饮品和贿赂谁可以帮助我预定那个最好的会议室。

公司有目的地使员工随机地移动。一年的花费可能有几十万元，但就打破我们的惯例而言是值得的。因为你所习惯的做事方式会影响你的工作，而不是成为一个具有想象力的人，所以强迫你抛弃所习惯的做事方式是有益的。当你进行充分地想象时，你可能会构思出更好的做事方式。这比强迫员工们参加方法改进培训更为有效。

最近当我尝试一种新的热仿真方法时也发生了这种意外的改进。旧的热仿真方法是硬件工程师打印与实物一样大小的电路布局图，之后我用一个尺子进行测量，得到每一个元器件的位置和尺寸信息，并且将其输入到 Terminator 软件中。这项工作既乏味而又费时，但它非常可靠（直到尺子上的刻度有磨损）。

我的老板不是给我买一个新的尺子，而是同意将 Therminator 升级至 Therminator Gold，它包括了一个 MCAD 接口软件。这个软件可以从电路板布局或结构设计软件中捕获几何模型数据，并且直接输入至 Therminator。这不仅仅节省了我的时间和避免反复创建几何模型的眼睛疲劳，而且规避了复制可能出现的错误（尽管它依然完整地保留了 PCB 设计者出现的原始错误）。

当我将 Herbie 的一块电路板输入至 MCAD 接口软件中时，他在旁边观察着。他一步一步地帮我念着操作说明，我用鼠标点击着屏幕上不同的图标。他读：“第 41-d 步，选择‘输入’。得到咖啡，向上返回，文件被输入。”

Herbie 的电路板最终出现在屏幕上，包含了大量元器件的 3D 细节（见

图 3-12）。我惊讶地喊道：“它成功了！现在不需要花 1h 建模了，我仅仅需要花 45min 去除仿真分析中没有意义的几何细节。这样就节省了 15min！”

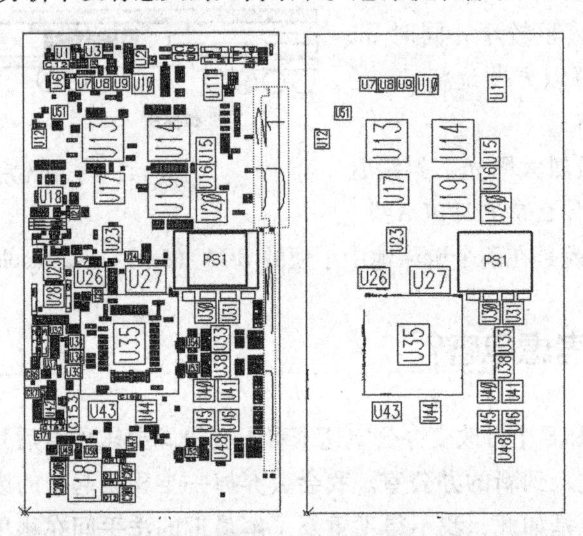

图 3-12　Herbie 的电路板，去除不发热元器件前后

Herbie 说：“去除？我花费了几个星期来建立它们。为什么你需要去除它们？”

我解释说：“几何模型的细节越多，Therminator 分析的时间也越长。所以我去除了对于热分析不重要的所有几何细节。例如边角处的安装孔、PCB 背面的标签和 697 个微小的突起电阻。”

Herbie 说：“真的吗？这些电阻没有发热吗？”

当我使用鼠标点击时耸了耸肩，使电阻消失就如同教会野餐时消灭烤鸡一样。“通常情况下忽略它们是没有问题的。它们不会传送很多电流，并且如果你正确地选择它们，它们不会变得很热。并且电阻可以比电路板上其他各类元器件承受更高的温度。此外，它们的数量实在太多，你是否想计算所有 697 个电阻的热功耗，以便于我能将它们输入至 Therminator 中？”

Herbie 说：“不是。”

小尺寸的电阻消失之后，我开始处理分散在电路板上小巧的电容。

Herbie 大声喊叫：“哇哦！住手，热设计专家！现在你就不对了！”

我抗议说：“什么？它们仅仅是旁路电容，并且与电阻一样的高度。在电路板上它们的数量非常多，它们不会发出任何热量，并且它们对温度并不敏感。”

“嗡嗡嗡嗡嗡嗡！”Herbie 就如同游戏节目《Name that Brand Name》中答错题时的蜂鸣器一样发出“嗡嗡”声。“不仅仅电容对于温度是敏感的，而且它的的确确散发热量。”

我处于极度的震惊中。这一天中充满了太多的新事物，全新的软件程序，Therminator 全新的几何建模过程，并且现在 Herbie 反过来告诉我，我是错的。

我说：“我总认为电容仅仅是充电和放电。能量进入后，存储片刻，之后再出去。所以没有什么会转换为热量。它不像一个将电能始终转换为热量的电阻。因为它们不产生任何热，所以在热仿真的时候总是可以忽略它们。除了电解电容之外，其他电容有一个比较高的工作温度限制。当我通过传统复印和直尺方式建立 Therminator 模型，我会毫不犹豫地忽略它们。”

Herbie 笑着摇了摇头。“看这些紧靠电源转换器的电容？它们是钽电容器。我绝对想知道这些电容有多热。”

我问：“为什么？”

“它们对输出的 5V 功率进行滤波。像处理器、DSP 和 FRZZ-TAG 调幅器等类似的元器件一样，我也重视它。目前没有足够的空间来摆放电路板所必需的元器件，所以我想使用能工作的更小体积电容。另外，功率转换器也可能会变得更热，并且它们很靠近电容，所以电容也会变得更热。”

之后 Herbie 拿出了一份电容的产品目录，并且给我看了电容工作电压和温度的关系图，如图 3-13 所示。

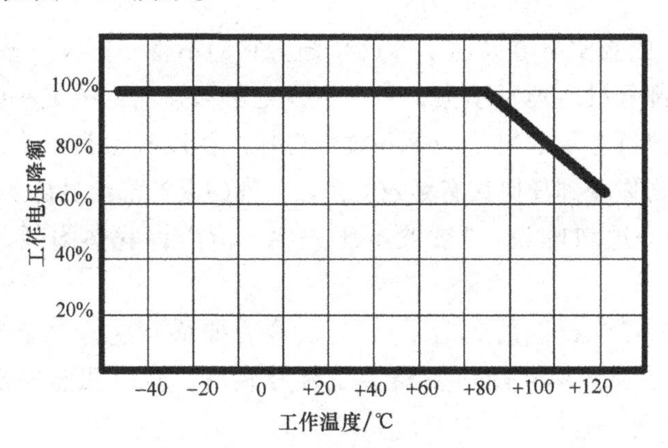

图 3-13　电容的电压-温度关系曲线

“产品说明书中说钽电容可以工作在 125℃温度下。但看一下当钽电容温度为 85℃时，它的工作电压会发生什么变化。它的工作电压开始快速下降。快的以至于原本假设 6V 电容可以对 5V 的电源进行滤波，在 125℃时，它仅仅能处理 4V 的电源。所以我们使用 6V 电容对 5V 的电源进行滤波，在 125℃时它将失效。”

我翻阅着电容目录建议说：“那就使用 10V 电容！或者在 16V 的电容中挑选。”

Herbie 说："它们是可以工作，但电容的额定电压越高，其体积也越大。我现在已经没有足够的空间，所以不到万不得已我不想浪费空间在更大的电容上。所以这一次，你能否根据你的标准操作流程计算这些电容的温度而不是忽略它们?"

我说："随便你，那像在微处理器每一个引脚处的小电容怎么办?"

Herbie 说："忽略它们。"

我说："行，现在我需要为每一个留在 PCB 上的元器件设置热功耗。这些钽电容是 0W 吗?"

Herbie 指着产品目录中的另一张图（见图 3-14）。

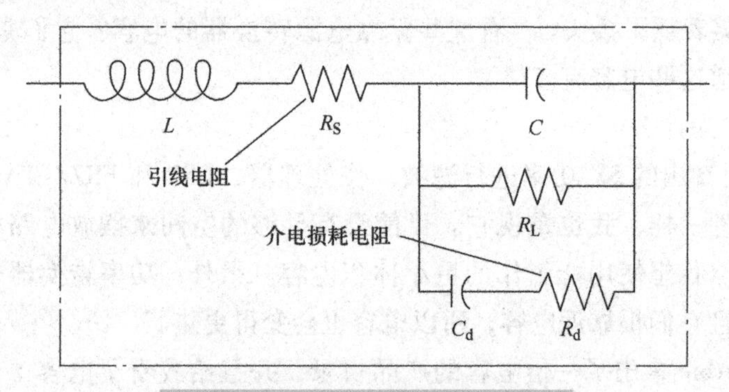

图 3-14　当一个电容更像一个电阻

"这里是一张真实电容如何工作的草图。它们不得不嵌入一些电阻和电感。在电容和电感部分没有能量损失，但在引线电阻和介电处损失一些能量转变成热量。产生的热量主要取决于频率和纹波电压，所以我不得不为你估算它们的功耗。我知道当你看到任何具有赫兹的东西，你的眼神都会显得呆滞无光。"

我带着谦逊地口吻说："纹波电压先生，请告诉我热损耗，我将告诉你温度。"

Herbie 收起洋洋得意的表情说："行。今后要留心这些关于电容愚蠢的假设！我在这里看着你建立热仿真模型是件好事情，所以我能发现你不合理的简化。"

他的话具有讽刺意味，但最后我意识到它是一件积极的事情，让我学会了以一种新的方法做同样的旧事情。当你被强迫抛弃旧习惯时，前进可能困难重重，但你有机会去找到全新的目标。

3.5 挡板温升

Herbie 问："聚碳酸酯的熔点是多少?"和往常一样，这是一个错误的问题。

我想说塑料没有一个清晰可辨的熔点，当它们变得更热时它们变得更软，直至它们开始弯曲，但在它们变成液体前会持续很长时间。但 Herbie 说："你能不能给我一个简单的答案，不要以'当恐龙统治地球的时候'作为开场白？"

我说："但你喜欢恐龙！行，行，告诉我整件事情的原委。你对可能熔化的聚碳酸酯要做什么？"

他叹了口气告诉我，"它是关于 HBU 项目的另一个改动。我们的研究科学家在读者文摘中看到人们仅仅使用了他们大脑 10% 的能力，由此被鼓舞去增加 HBU 的带宽。通过消除 HBU 内关于股票价格和衍生品的随机想法，他们能够有足够的能力自由地去控制多达 10 个其他大脑的想法，使用一种称为大脑波时分复用协议。这就产生了 10 倍心灵感应端口模块（TPM）数量的要求。所以现在我的工作就是尽可能多地将这些 PCB 塞进机柜中。"

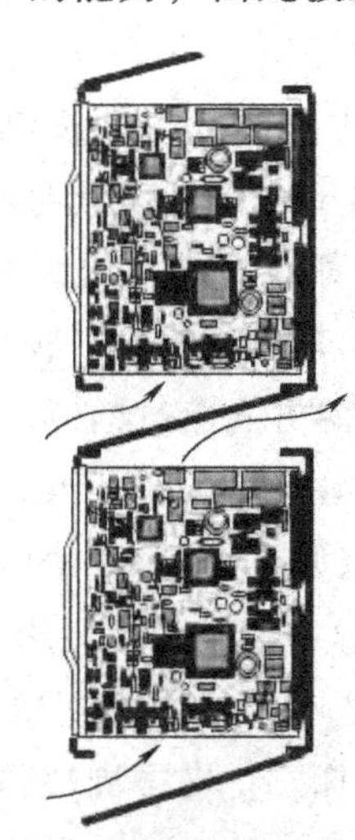

图 3-15　挡板可以使下部模块产生的热空气发生转向，所以冷空气可以进入到上部模块。挡板的开口越小，空气流量越小，并且模块元器件变得更热

"我不得不忽视你的建议，并且使模块之间的挡板高度尽可能小。它的高度仅仅为 1.75in。这可以让我将八个 TPM 模块塞入机柜中，而不是使用你设计的挡板所得到的五个或六个模块。如果你让机柜中只有一个或两个模块，它们几乎无法工作。但采用八个满负荷的模块会有一个问题（见图 3-15）。"

Herbie 继续说："通常情况下挡板可以很好地隔热，无论我们封叠多少模块，每一个模块都可以吸入低温的冷空气。但我的每一块限制性挡板抑制了很多热空气的流动，所以对于单个模块而言，空气出口温度比进口温度高 35℃。所以每一块挡板的底部温度要比顶部高 35℃。一些热量通过金属挡板进行传导，为下一个模块的入口温度进行预热。我测量了第二个模块的入口温度，它大约比室内空气温度高 2～3℃（见图 3-16）。"

我摇了摇头，就如同 Jessica Fletcher（美剧《Murder, she wrote》的女主角）听谋杀忏悔，并且说："我猜想有这么热的出口空气温度，确实会发生这种情况。但 3℃听起来并不坏。"

Herbie 怒气冲冲地说："你好好想一想，问题是通过挡板的热传导会随着模块的增多而加强。机柜顶部模块的空气入口温度最终会比底部模块高6℃。那足以使像用真实神经元制造出的神经网络的温度超出它们正常工作温度的限制。”

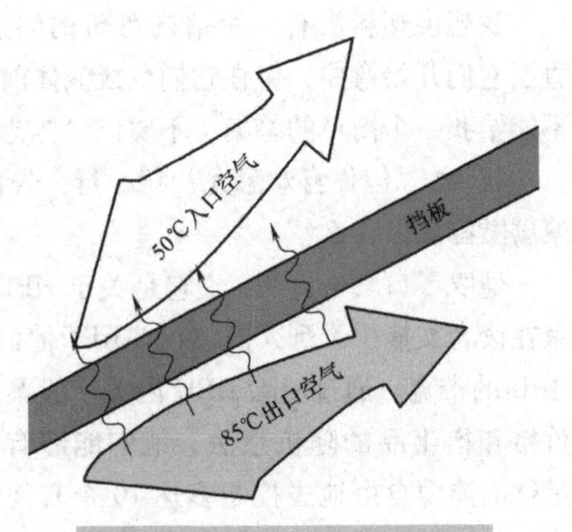

图3-16　挡板的底部和顶部温度

我说：“谈谈你烤焦的神经吧。所以聚碳酸酯是怎么适用于这种场合的？”

“标准的挡板是用钢板制作成的，这种材料属于金属，它具有相当好的热传导性。如果我使用像塑料凳类似的绝缘材料来制作挡板，我可以避免热量通过导热方式通过挡板。因此，顶部模块的空气入口温度和底部模块一样。根据《Hot Air Rises and Heat Sinks》的第4章，塑料的热导率大约为钢板的1/250。所以如果我用塑料的挡板而不是钢板，挡板两端的温升应该仅仅是现在的1/250，这个影响可以忽略不计。”

我说：“听起来很有逻辑。但从一个工程师合理的考虑出发，塑料可能熔化。我告诉你，我将查询塑料的熔点。同时，你可以借一些塑料片，这些塑料片是我留着做自然对流风洞的。你可以做一些塑料挡板，观察和试验他们。”

当Herbie锯割塑料片，无缝胶合和测量温度的时候，我进行了思考。难道Herbie真的想出了一个好主意？我在一张旧的质量体系培训认证书背面做一些计算，并且等他回来。

Herbie一边拂着他法兰绒衬衣上的塑料屑一边说：“你的塑料肯定有问题！”

我说：“让我猜一下，塑料挡板没有产生任何差异。”

他喘着粗气说：“你怎么知道的？用钢板的话，顶部模块空气入口温度比底部高6℃。使用塑料挡板顶部模块空气入口温度比底部模块高5.9℃。这个大约5.9℃的温升比我预计的改善要小！”

我说：“我核对了你的算法。当我查找塑料特性时，它使我想起你忘记了一些其他影响挡板导热性能的热阻。”

“譬如什么？”

我给Herbie看了我正在思考撰写书的梗概《Boundary Layer Theory for Dummies》（见图3-17）。信不信由你，当空气掠过一个物体表面，像薄膜一样一个非常薄的空气层粘附在物体表面。在传热学书上称其为边界层——但你可以将其认为空气粘滞。对于表面与空气的热交换，首先热量必须通过这个空气粘性层。对于挡板下部热空气的热量进入挡板上部冷空气，它必须通过热量传递路径中的三个热阻，如下：

空气边界层的热阻为

$$R_{\text{slime}} = 1/(hA) \tag{3-4}$$

式中，A 是挡板的表面积；h 为热交换系数，它取决于空气流动的速度，挡板的自然对流外掠平板，h 值大约为 $5\text{W}/(\text{m}^2 \cdot ℃)$。

挡板的面积为 0.1m^2，挡板上表面或下表面的边界层热阻为

$$R_{\text{slime}} = 2.0℃/\text{W} \tag{3-5}$$

挡板所使用的材料热阻是什么？对于一个实体导热，有

$$R_{\text{baffle}} = t/(kA) \tag{3-6}$$

式中，t 是挡板的厚度；k 是材料的热导率。

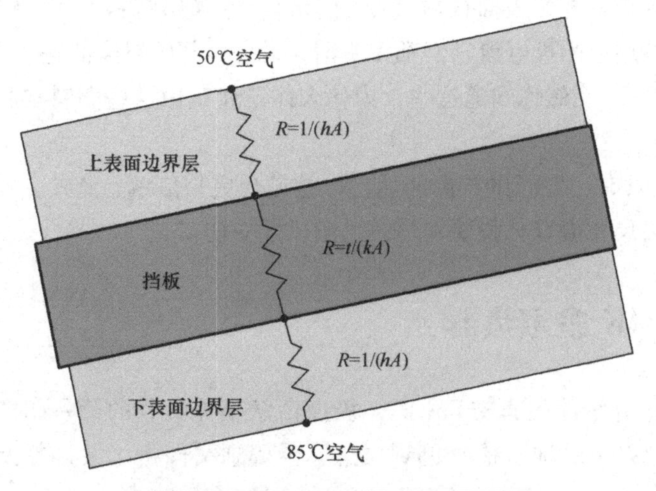

图3-17　热量传递过程中的三个热阻

表3-1对Herbie测试的两种挡板的特性值进行了对比。

表3-1　两种材料制作的挡板性能对比

	金属挡板	塑料挡板
厚度 t	0.062in（0.0016m）	0.125in（0.0032m）
热导率 k	$50\text{W}/(\text{m} \cdot ℃)$	$0.20\text{W}/(\text{m} \cdot ℃)$
面积 A	0.1m^2	0.1m^2
R_{baffle}	0.00032℃/W	0.16℃/W

与两个边界层热阻相比，塑料的导热热阻相当小，我的意思是它足以应该被忽略。对于钢的挡板而言，总热阻为

$$R_{total,steel} = (2.0 + 0.00032 + 2.0)\,℃/W = 4.0℃/W \tag{3-7}$$

当你将钢的挡板改为塑料挡板之后，总热阻为

$$R_{total,plastic} = (2.0 + 0.16 + 2.0)\,℃/W = 4.2℃/W \tag{3-8}$$

即便你将挡板的热阻改变为原来的50000%，但是总热阻仅仅升高了5%。

Herbie 总结说：“我可能继续采用金属挡板，做一个绝热的挡板似乎没有意义。”

我说：“如果你将挡板做得足够厚，它可能会有意义。但为了塑料挡板具有一个空气边界层一样的热阻，而不得不使它的厚度为15in，我不推荐这么做。”

这个原理同样可以应用到任何电子设备外壳的表面。举个例子，如果空气流动相当慢，如果你没有风扇，则边界层（空气粘质）决定了外壳表面的散热量。如果你的设备外壳表面很薄（小于1in），你采用塑料、钢、铝作为外壳材料或者无论涂层或阳极电镀它们都无所谓，设备内部的温度都是一样的。

Herbie 说：“既然你知道这些，为什么你还让我做这些塑料挡板，并且做相应测试？”

我说：“具有一些测试数据的话，你总是会更相信哦。此外，非常凑巧的是你锯割的挡板尺寸恰好与我要构建的风洞尺寸一样。”

3.6 24K 金散热器

当 Herbie 介绍他的朋友 Roy 时，极度活跃是他给我的第一印象。在我们开会期间，他总是不断地从椅子挪到桌边，再挪到文件柜，像猎兔犬一样嗅着我的书本和论文。

Herbie 讲述“Roy 故事”就如同我讲述“Herbie 故事”。例如这一次 Roy 将一个车库门开启工具安装到他卧室的窗帘上，所以他能遥控操作它们。如果你不介意当邻居下班回家时，窗帘出人意料地打开的话，它能很好地工作。

Herbie 提示说：“告诉他你的发明，一个不需要夹子的晒衣绳！”

Roy 说：“它是一条装有倒钩的金属线。仅仅将衣服扔在上面就行，它们自己会停留住。并且邻居家的小孩们永远不会乱弄它。不管如何，我需要你提供一些关于散热器的建议。”

我问：“你正在从事什么硬件项目？”

Roy 得意地笑着说：“哦，我不从事硬件工作。我的正式工作是软件架构方

法过程改进统计学整理。但我的一个爱好就是超频。”

当我一脸茫然的时候，Herbie 解释说：“Roy 在现场旧货处花了 50 美元买了一个旧的 90MHz PC，之后在其中放入了一个更高频率的处理器和其他价值 700 美元的部件，并且使它以 137MHz 运行。处理器以比原始设计频率更快的运行称为超频。”

我茫然的表情变得更茫然。“为什么你想那么做？仅仅等待六个月，一个运行更快的计算机将进入市场。你用一个 137MHz 处理器可以做什么？”

“问题不是你用它做什么，问题是究竟你能否用它。这是一种兴趣爱好！不论怎么样，处理器的发热量迅速地上升。所以为了我下一个项目成功超频，我需要一个比它现在所用更好的散热器。所以哪一个性能更好：一个金的散热器或一个铂金散热器？”

我用嘶哑的声音说：“你有使用铂金的爱好吗？”

Roy 给我看了《Popular Manics》7 月刊的一个广告，它呈现了许多超频用的散热器。最好的产品“为了更好的散热性能，散热器镀以 24K 金。”在一个高亮的框中是 24K 铂金电镀“千禧版散热器——使你的处理器运行一千年！”的宣传语。

我翻阅了杂志的其他部分。在几个其他地方有几个广告在兜售大功率主板和图形卡。

我开始说：“这里是简单的回答。其缩写为 S-C-A-M（骗局）。”之后我将杂志扔进了垃圾桶。

Herbie 轻声地笑，而 Roy 进行抗议，但我通过引人注目的方式去掉白色书写板彩色笔盖子使他们安静下来。

我说：“欢迎来到传热学第一章第一节。”并且开始了如下课程：

热量以三种方式进行传递：导热、对流和辐射。所有的三种方式都在散热器中起作用，所以我们可以将其作为一个例子，判断电镀会对散热器性能造成何种差异。

导热（见图 3-18）是从固体高温到低温点的热量传递。热量从相对热的超频处理器进入我们散热器的基板，并且在散热器内传递开来，直至它到达相对冷的表面，这个表面与空气接触。

一些材料会具有更好的导热性能。像铝等好的导热材料在热点和冷点之间具有很小的温差。这是有好处的，因为这意味着处理器的温度将更低。但如果你的常用散热器镀金会怎么样？

金的热导率是铝的两倍。那是有好处的，但镀层非常薄，占整个散热器的

1%。整个散热器热导率的提升小于1%，这是可以忽略不计的。

铂金的热导率只有铝的一半，因此它实际减少了一个相类似可忽略的散热器热导率。

结论：金和铂金电镀对导热没有影响，除非镀层厚到你无法负担得起。一个铂金散热器实际比一个铝散热器性能更差。

对流是热量从固体表面进入到掠过（见图3-19）的流体（气体或液体）中。热量通过对流方式从散热器翅片表面进入到周围空气中。下面任何一种原因都能促使空气流动，如风、风扇、加热空气的浮升力。对流换热强弱主要取决于表面的形状和空气流动的速度，但它与固体的材料没有关系。固体材料可以是木头、塑料、砂岩或花生酱。对于确定数量的热量，空气和翅片表面之间的温差是确定的。

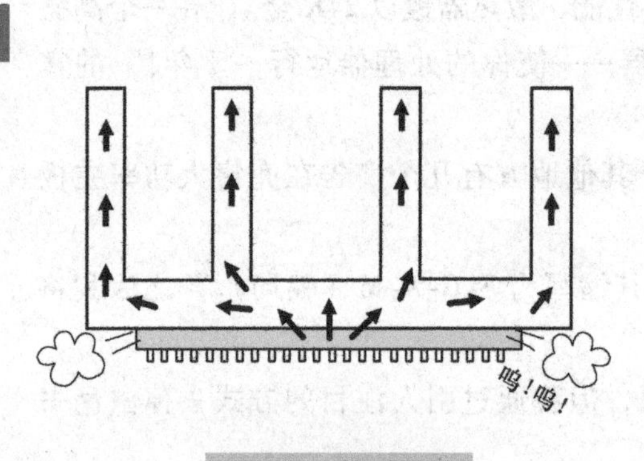

图3-18　热量传递

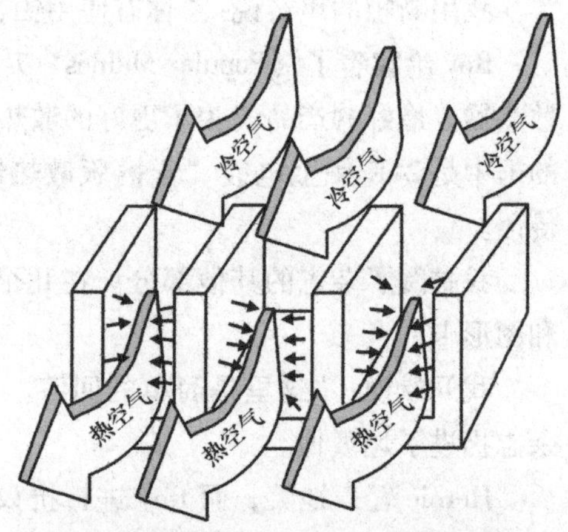

图3-19　热量从固体表面进入掠过的流体中

结论：金或铂金对于对流换热没有影响。

辐射：热量可以通过红外辐射从任何表面散热（见图3-20）。没错，你正在放射出电磁辐射，因为你的皮肤温度很有可能高于你所居住房间的壁温。我们的散热器很有可能比它所在的设备外壳温度更高，所以它能通过辐射的方式散热。它散射出辐射的热量取决于称为发射率的表面特性（说来也奇怪）。在表面温度确定情况下，表面发出理论最大红外辐射的表面发射率为1，任何实际的表面发射率在0和1之间。

这是一种电镀可以改变的特性！一个光滑、全新、清洁和反光的铝散热器具有大约0.1的发射率，这个值不是很好。但将它暴露在普通空气中几天之后，

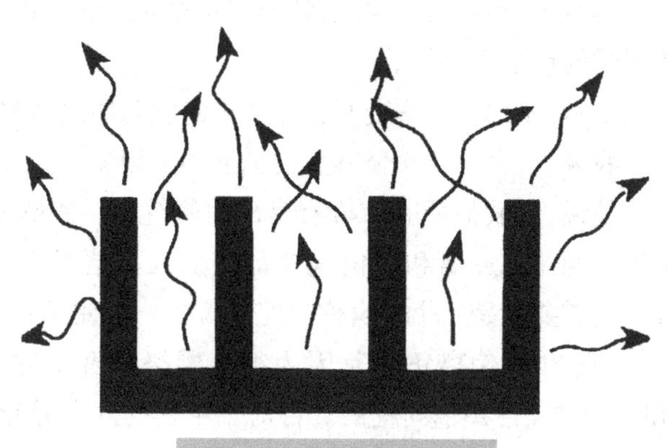

图3-20 热量从面表散失

散热器表面被氧化并且开始看上去像一个浴缸龙头覆盖了皂垢，这将使发射率增加到0.6，这个值非常高。

但通过对铝表面镀以漂亮、发光、无锈蚀或铂金，则它的发射率下降到大约0.01。没错，这种“强化传热”实际阻碍了辐射，从而使散热器和处理器更热。如果你想增加辐射散热量，像黑色阳极氧化、金铬酸盐或者涂漆等花费低廉的表面处理可以使发射率达到0.9。

表3-2归纳了散热器增加昂贵金属涂层之后的获益。

表3-2 镀金或镀铂金前后对比

导热	可忽略影响
对流	没有影响
辐射	90%～98%变得更差

Roy看起来很悲伤，就如同他得知圣诞老人只是一个传说。“哇哦，我之前从来没有听到过这些。你从什么杂志上获取的？”

我说：“Holman的传热学。”我递给他我的大学教科书的复印本。Roy从中间打开书本，并且看了一个积分方程，他小心翼翼地放下书本，并且从我的垃圾桶中捡起了他的杂志。

他边走边说：“金的看起来不错，但铂金是一个限量版收藏家收藏的东西。我想现在我知道该选哪一个了。”

Herbie对着我笑。我问：“至少你学到了一些吧？”

他微笑着说：“是的，省下镀金和铂金给其真正的适用品——装饰品用吧。”

3.7 改进最薄弱的环节

Alphonse坐在他的办公室里，弓着背伏在一张原理图和半组装的PCB前。他背后堆着一些体育和股票市场的杂志。我说：“对不起，我错过了你的重要会议。环境实验室中有一些紧急的事情处理。Herbie 被困于我一堆用于 HBU 机柜热测试的热电偶中了。”

Alphonse 说：“悲剧啊！你能否回收利用这些热电偶?”

我说：“抢险救援队在我之前到达环境实验室。”

他说：“我们所有人都有自己的侧重点。遗憾的是你没能看到大买卖的介绍报告。刚才制造商和制定规章部门的人在这里，并且他们给了我放行的信号。现在我需要的是一个来自你快速的首肯，以便于我们能将这个项目回到正轨。”

当前项目偏离正轨是因为神经网络回音消除器。这是用来缓解 Herbie 的 HBU 的神经性痉挛问题的。目前，主要的问题是很差的空气流动。这也是我以前所忽略的，通过电子元器件的平均空气流速只有可怜的 100ft/min。

Alphonse 递给我一叠彩色演讲报告。“这些是来自 Therm-O-Goop 公司销售的笔记。他们已经得到伟大的、新的、具有极其出色热特性的 PCB 材料。它不仅仅使我的 PCB 正常散热，而且我有一种感觉它会引起一场 PCB 行业的革命。我刚登录到网络，并且买了大量 Therm-O-Goop 公司股票。”

我随意地查看这些漂亮的报告。大多数都是一些徒有其表的 PCB 图片，并且由穿着实验工作服和安全眼镜的美貌模特拿在手中。我问：“这到底是什么材料?”

“Exsulator Hi-K。它是一种取代标准 PCB 中环氧玻璃的电绝缘材料。它的电绝缘特性一般，你最感兴趣的事情是……”他说边翻至报告的最后一页。“Exsulator Hi-K 的热导率是标准环氧玻璃的 10 多倍（见表 3-3）。”

表 3-3　两种材料的热导率

电绝缘材料	热导率/［W/(m·K)］
环氧玻璃	0.2
Exsulator Hi-K	3.5

我说：“对于绝缘材料而言，真是不可思议，但这对你的神经网络回音消除器有什么帮助?”

Alphonse 表示怀疑地看着我。“如何帮助我？你知道我的 PCB（见图 3-21）有什么问题吗？它被并排放置的 36 个 BGA 封装的处理器芯片所覆盖。它们的散热主要通过将热量传导进入 PCB，并且绝大多数的 BGA 封装的芯片都是太热了。如果我将材料环氧/玻璃改为 Exsulator，这将使散热性能提升 10 倍。那会使元器件温度像一口进入科罗拉多大峡谷的痰一样下降，是吗？由此带来的好处是我可以在我的原理图、材料单和布线图不做改动的情况下，解决散热问题!”

图 3-21　Alphonse 的电路板，即便 PCB 是纯铜构成，如果 PCB 布满高热功耗元器件时，它是如何传递热量的呢？

我抓了抓头说：“那真是太好了，不是吗？听起来好得难以置信啊！”

Alphonse 说：“你听起来不相信，我也是。这也是为什么我说散热器性能提升 10 倍的原因。Therm-O-Goop 公司宣称它会提升 20 倍的 PCB 热导率。所以我对他们的天花乱坠的广告宣传打了 50% 的折扣。10 倍的热导率提升应该足以将高温降下来。”

我说：“你很会思考，但我有一种感觉在热导率方面的提升将远小于 10 倍。”

他问：“有多小？我可能和其他人一样怀疑。它只有 8 倍的提升或者 7 倍？”

我说：“让我们更慷慨一点，Therm-O-Goop 公司销售代表是诚实的，我承认 Exsulator Hi-K 热导率是环氧玻璃的 17 倍多。重要的不是电绝缘材料的热导率，而是整块 PCB 的热导率。不要忘记，PCB 中也有大量铜走线和过孔。我们真正所要比较的是由铜和环氧/玻璃组成的 PCB 与由铜和 Exsulator Hi-K 组成的 PCB 热导率。”

Alphonse 问：“你怎样进行比较？”

“得到一个确切的值就如同不听到玻璃打碎声音的情况下进行 SUV 平行泊车。但得到一个近似值是相当容易的。容易地以至于通常传热学书的第一章都有涉及。如果铜在 PCB 中分布均匀，之后基于铜和绝缘材料在电路板中的体积百分比，你可以求得铜和绝缘材料的平均热导率。我认为你的 PCB 具有多个功率和信号层，大量的过孔。”

我喜欢用字母 k 代表热导率，所以我们可以用这个方程估计整个电路板的热导率：

$$k_{pcb} = \%_{copper} \times k_{copper} + \%_{dielectric} \times k_{dielectric} \tag{3-9}$$

让我们在公式中加入一些数字。铜具有非常高的热导率——大约为380W/(m·℃)，但它在 PCB 中所占的体积不是很多。在一块常见的 PCB 中，铜的体积百分比大约为2%～3%。由此可得：

$$\begin{aligned}\text{环氧/玻璃}: k_{pcb} &= (0.03 \times 380 + 0.97 \times 0.20)\,\text{W/(m·℃)} \\ &= 11.6\,\text{W/(m·℃)}\end{aligned} \tag{3-10}$$

$$\begin{aligned}\text{Exsulator Hi-K}: k_{pcb} &= (0.03 \times 380 + 0.97 \times 3.5)\,\text{W/(m·℃)} \\ &= 14.8\,\text{W/(m·℃)}\end{aligned} \tag{3-11}$$

Alphonse 看起来很失望（见表3-4）。“我将占电路板体积97%的材料热导率提升了17倍，对电路板热导率的提升只有28%？它应该是1700%！怎么会这样？”

表3-4　两种材料对 PCB 的影响

电绝缘材料	PCB 的影响 k_{pcb}
环氧玻璃（k=0.2）	11.6
Exsulator Hi-K（k=3.5）	14.8
对于 PCB 的改善	28%

我说：“与铜相比，环氧玻璃是极其讨厌的热不良导体。太讨厌了以至于你不得不将它提升10或20倍才能产生作用。让我们这样说——如果我将篮球比赛中的得分翻倍？你是否会让我加入你的午餐时间联赛队伍？”

Alphonse 在他脑中简单地做了计算。“不！鉴于你每场比赛的平均得分是一分，得分翻倍也不至于使你成为下一个 Michael Jordan。并且不要像往常一样对我说你想成为一名防守专家。”整个下午其他时间我都在和他争论防守技术和得分能力各自的价值。最终 Alphonse 意识到即便28%也是热导率方面的一些提升。所以我将其输入至 Therminator 中看一下如果我们将 PCB 绝缘材料改为 Exsulator Hi-K 元器件的温度会有多少下降。

采用环氧/玻璃材料最高的元器件温升是86℃，超过了合理温升限制36℃。采用令人惊奇的电绝缘材料 Exsulator Hi-K 降低了元器件温度2℃。

在给 Alphonse 看了结果之后，我问：“现在你愿意增加空气流动了吗？”

他暴躁地敲击着键盘，并且说：“你现在不要烦我这件事情！我必须在休市之前抛掉 Exsulator 公司的股票。”

3.8 更大的接触热阻

Herbie 抱怨说：“为什么一涉及这个散热器的安装，你就像女修道院院长一样？”

我反驳说：“什么女修道？”

他解释说：“记得以前的电视节目《The Flying Nun》吗？女修道院院长是修道院的头，她总是对修道院中的修女说不，无论她们想去款待一些孤儿或者在一些富有赌场老板的快艇上度过周末。那就是你现在的状态。”

我回答说：“你是一个偷偷摸摸尝试将 27W 热功耗元器件取代 5W 元器件的人。也许你的踝关节应该受到木尺的重击。”

他说：“行，不要一下子让你做很多事情。所以我稍微加大了一些元器件功耗！我将给你安装更大散热器足够的空间。这种忏悔足够吗？”

我说：“太慷慨了！你确信一个更大的散热器对散热有帮助。但为了弹簧支承固定架我需要在电路板上打一些孔。”

他说：“那确实是一个问题，女修道院院长。我的元器件是 BGA 封装的有 1296 个引脚，并且元器件需要与电路板其他元器件相连的路径。而你想在电路板上钻一个大孔，这个孔又正好在风扇出风的主流路径上。难道只是这样才能使你落后的弹簧支撑安装散热器应用在散热方案中？为什么你不能在散热器上涂胶水，就像我们之前在其他电路板上做了一百次的方法？”

我想了几秒如何以 Herbie 的语言和他交流。我说：“当你像这样增加了一个数量级的元器件功耗，你必须开始注意当低功耗时你所忽略的一些细节。就如同打扫你房间的干净程度。当你小表弟顺便过来看电视，你会为在他来之前需要打扫而烦恼吗？”

Herbie 嘲笑说：“为 Mervin 打扫？没门！”

我继续说：“当你的女朋友正好来访，可能你会从沙发上拿走披萨的盒子，以便她坐下时不会弄脏她的衣服。”

Herbie 补充说：“并且我将所有脏短袜和内衣在地板上摆成整齐的一堆。”

我说：“但这时候她邀请她的父亲在你的家中吃晚餐又会如何？你会打扫得非常干净，就如同你准备将其出售。你甚至重新给电灯开关接电线，以便当电灯开启时它们非常醒目。”

他说：“我未来的老丈人是教堂的神父，他以前是海军陆战队军士级教练员。”

他说："所以当压力来临时，你不得不让一切都井井有条。同样的事情也发生在散热器的使用上。不仅仅是招待有声望的客人，我开始处理元器件温升预算。"

"根据你的元器件说明书，元器件工作限制是100℃的外壳温度。进入模块的空气温度为50℃。则温度的预算为100℃ -50℃ =50℃。有许多造成温升的原因，我不得不使实际温升小于50℃的温度预算。我不能想象如何大声地说项目列表中的项目，所以我潦草地将它们写在白板上。

温升预算，温升主要由于以下原因：

■ 来自上游元器件的热量。

■ 空气和散热器表面之间的对流换热热阻。

■ 散热器表面和基板之间的导热或扩散热阻。

■ 散热器基板和元器件外壳之间的接触热阻。

在合上难闻的记号笔之后，我继续说："通过将散热器布置在PCB上一个好的位置，做一个尽可能大的散热器和采用像铝一样导热性能好的材料做散热器，我可以成功地解决前三项。这些是我首先处理的散热器热量部分，也可以说是在沙发上的披萨盒。散热器和元器件外壳之间的接触热阻更像电视机后面的灰尘，当元器件功率等级低时，我们可以忽略它。"

"但当每一个元器件为27W热功耗时，是时候去除灰尘了。如果我们将散热器粘到了BGA封装的芯片的顶部，即便使用了导热胶水，当仔细地将两者粘合之后，在这种情况下连接处的热阻大约为1℃/W。当元器件功率为5W时，意味着在元器件和散热器之间的温升为5℃。当元器件功耗为27W时，这会使散热器和元器件外壳之间产生27℃的温差，就这样一项内容，你就占用了我温度预算的一大半。"

Herbie以一种突然发现他已经忘记摩西十诫（圣经中摩西向以色列民族颁布的律法中首要十条规定）的口吻说："哦，那听起来太坏了。但你难道不能将散热器做大一点吗?"

我说："我可能通过做一个更大的散热器来弥补胶水连接造成的温升。但在这种情况下，我需要增加4~5倍的散热表面，这会使散热器比电路板更大。对我而言，并不希望这样。"

Herbie说："哎唷！散热器大到超过整个电路板？我猜想你也还是很想要一些电路板上的孔。"

我说："没错，Bertrille修女（美剧《The Flying Nun》的主角）。"

他问："你的弹簧承载小发明是如何解决这个问题的?"

“我想让元器件顶部和散热器之间的接触热阻降至零，或许我们可以将散热器放进火炉，之后将它与 BGA 封装的芯片挤在一起，以至于两者像奶酪溶入汉堡包一样融为一体。但那个方法有一些非常明显的缺点（见图 3-22）。”

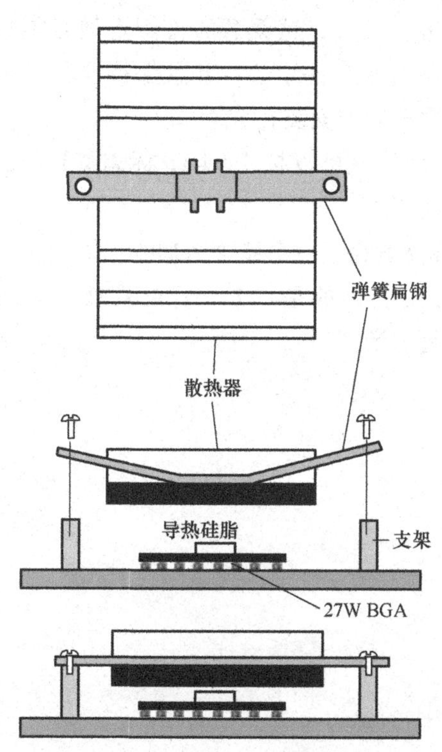

图 3-22　当元器件热功耗上升，散热器和元器件之间变得更重要，你不能在这些区域损失你的温度预算

我解释说：“下一件我所知道的最好的事情是磨光散热器底部，以使它精细和平滑。之后在上面放一层很薄的导热硅脂，并且使其与元器件顶部接触。导热硅脂在一些特殊的位置会挤出，这些位置是散热器上细小的凸起与元器件外壳凸起的接触处，但导热硅脂会填充细小的缝隙。由此得到的最小实际接触热阻可能是 0.1℃/W。”

Herbie 说：“但工厂的工人讨厌硅脂，在涂了一天散热器导热硅脂之后，他们将粘在他们心爱 T 恤上的导热硅脂带回了家。”

我说：“我知道。但硅脂起的作用与胶水不同。它的作用更像润滑，而不是将物体粘在一起。所以你需要一些其他的东西避免散热器移动，譬如固定架。”

“但现在有一种‘没有硅脂的’的导热界面材料。他们称其为相变材料，之所以说它是一种非常有想象力的发明，主要是因为它会熔化。在室温下它是固体，所以它可以作为一个薄垫放在散热器上。当元器件开始工作并且变热，薄垫熔化成像硅脂一样的粘性物质，同时热连接被形式。但那就意味着当散热器安装在元器件上，并且固定架用螺钉固定，薄垫还是冷的固体。当垫片熔化时，散热器必须尽可能地靠近元器件，这就意味着固定架必须是弹簧负载。当垫片熔化时，弹簧强迫散热器与元器件结合，并且保持这种状态。这也就是为什么我需要弹簧负载散热器固定架的安装孔。”

Herbie 说：“好的，或许我可以将 Teleleap 标志移到电路板上其他地方，以便于可以布置你的安装孔。”

我大怒：“什么？你竟然为了一个装饰而牺牲模块的热设计？”

Herbie 耸了耸肩说：“你可能是一个十足的女修道院院长，但对于这些商标，小伙子们认为他们是上帝。”

第 4 章　辐射：斯蒂藩和玻尔兹曼不是 20 世纪 70 年代德国重金属乐队！

热辐射有一个好的特性，当环境温度升高，元器件的温度也会随之增加，实际通过辐射的换热量也增加。即便当物体与环境温差是完全一样，物体在环境温度 50℃时要比 20℃有更多的辐射换热量。

那是关于辐射的唯一一个好的特性。在复杂的电子设备内部很难通过数学的方式计算辐射换热量，它几乎是不可能测量的，你没办法指望它以你喜欢的方式产生作用。

但是，红外摄像机是实验室中非常有趣的玩具。

4.1 红外线

当 Herbie 说他的女朋友 Vernita“真正地点亮了房间时”，是毫不夸张的事实（见图4-1）。

不仅仅对于她而言，而且对于每一个人，甚至是存在的任何物体而言都是这样。如果你能看到红外（或）热辐射，你会发现确实是这样。

因为她的身体像灯泡一样发热——热射线向所有各个方向上发射，所以 Vernita 点亮了一间房间。她辐射出来的热量多少由她的皮肤温度和她的表面积所确定，通过下式进行计算：

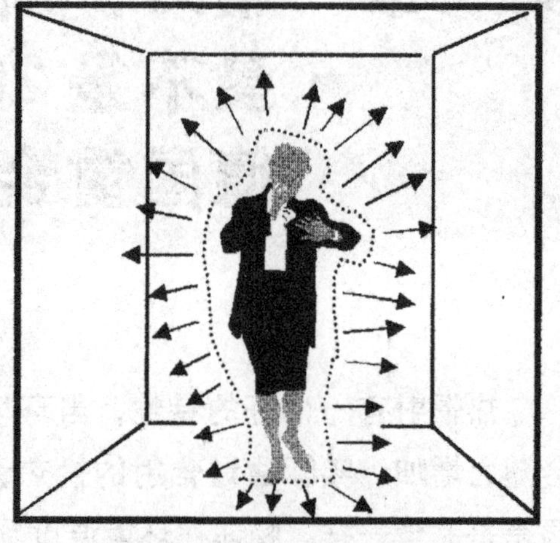

图4-1　Vernita 点亮了房间

$$辐射量 = \sigma\varepsilon AT^4 \qquad (4\text{-}1)$$

式中，σ 是斯蒂藩-玻尔兹曼常数，它是由斯蒂藩和玻尔兹曼带给你的另外一个宇宙特性，其值等于 5.669×10^{-8} $W/(m^2\cdot K^4)$；ε 是表面的发射率（以理论最大辐射作为基准，在 0～1 中分为不同的等级）；A 是她身体的表面积；T 是以绝对温度表示的身体表面温度。

热力学温度（曾称绝对温度）表示绝对零度之上有多少摄氏度，绝对零度是 -273℃。人类的皮肤温度大约为 30℃，所以她的皮肤热力学温度为 273 + 30 = 303K。下一次你给你孩子量体温时，告诉她或他，他们的体温为 300 度。

Vernita 的身体表面积大约为 $30ft^2$（$2.8m^2$），并且她身体的 ε 大约为 0.9。并且，将所有数据代入式（4-1）进行计算，你得到的结果为 1100W。

难怪她可以点亮一间房间。她在她身边“携带”了一盏 1000W 的热灯（见图4-1）。

如果你觉得这似乎不现实，请相信自己：1000W 大约为每小时 900 卡路里。Vernita 站在一个空房间内会失去体重，并且拼命地新陈代谢来维持她的体温。但那是不会发生的，答案如下。

处于室温的房间墙面也会辐射换热。所以当 Vernita 向四周辐射她 1100W 的热量时，她也接收到来自周围墙面各个方向上辐射出来的热量（见图4-2）。到底是获取还是散掉辐射热量主要取决于她的皮肤温度和墙面温度。通过下式可以计算她通过辐射丢失或获取的热量。

$$净辐射热量 = \sigma \varepsilon A(T_{skin}^4 - T_{wall}^4) \tag{4-2}$$

假设墙面温度为室温 25℃（298K），则她通过辐射散热给房间的热量仅仅为 30W。那仍然可以点亮整个房间，但不足以看清本书的内容。

图 4-2　房间墙面对 Vernita 辐射几乎相同的能量

现在你比我在 BGAs R Us 公司的伙伴 Lester 更了解热辐射。我想在 Therminator 中对他的一个 BGA 封装进行建模，以便我可以预测它在一块新 PCB 上的热性能。所以我从 Lester 写的一篇论文中获取了 BGA 内部结构和热特性的详细信息。

当 BGA 的仿真模型建立之后，它需要与测试结果进行对比。幸运的是，Lester 的论文也提供了这方面相关的信息。他在自然对流条件下测量了 BGA 的热阻 $\theta_{j\text{-}a}$。我采用了我新建的 BGA 模型，并且在 Therminator 中建立与测试相同的条件，并且进行求解。如果我的仿真结果与 Lester 的测试结果相吻合，那么我可以相信自己的工作并且认为我的 BGA 模型是精确的。之后我能在其他仿真中使用它，并且相信其结果。

Lester 的测试是一种测量 $\theta_{j\text{-}a}$ 非常普遍的方法。BGA 被焊接到一块 4in × 4in 水平放置于一个风洞内部的 PCB 上，并且对 die 施加 5W 的热功耗，他测量此时空气温度和 die 温度。将 die 的温升除以热功耗得到 $\theta_{j\text{-}a}$，就这么简单。

模拟他的测量条件也非常简单。但是 Therminator 得到的 $\theta_{j\text{-}a}$ 为 21.0℃/W，而不是 12.2℃/W。

哇哦！计算流体动力学（CFD）可能不是非常精确，但它不应该这么不精确。

由于我在建模时做的一个假设，所以产生了较大的热阻差异。我忽略了辐射换热。在 CFD 软件中忽略热辐射要比考虑热辐射容易得多。所以，我习惯性地忽略了它，Lester 的论文没有涉及任何关于辐射的内容。

所以我给他打电话（我过去一直以为打通发表技术论文作者的电话是相当困难的。事实上，这是非常容易的事情。他们发表论文是因为他们想让人们知道他们所做的工作，当没有人询问他们的工作时，他们通常都会很失望）。Lester承认：“当然热辐射在我测量 $\theta_{j\text{-}a}$ 时是包括在其中的。BGA 的热量通过对流方式和热辐射方式进入到周围空气和风洞的壁面。我根据实际情况做测试。你不可能在现实生活中像你在仿真中一样关闭热辐射（见图 4-3）”。

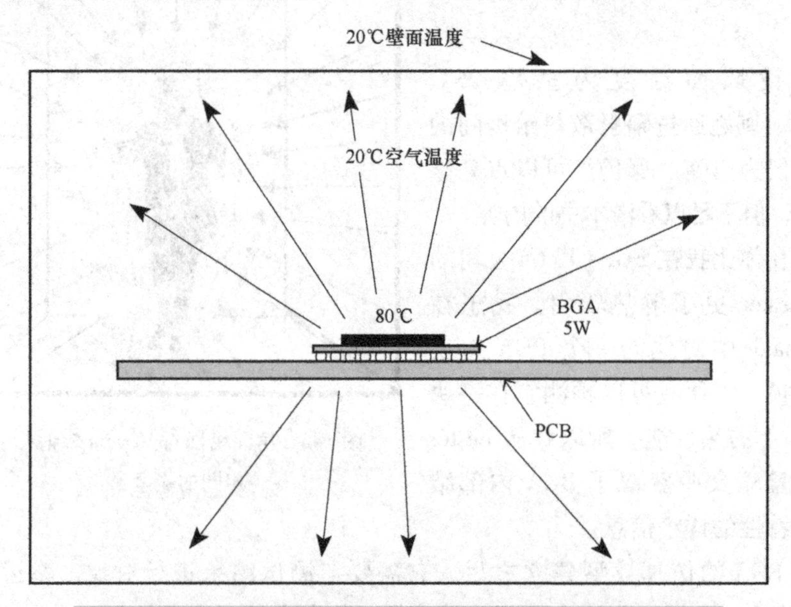

图 4-3　在 Lester 的测试中，BGA 可以向周围壁面进行热辐射

足够清楚了。所以我打开了 Therminator 软件中的辐射选项，并且重新进行计算，得到了 13.2℃/W 的 θ_{j-a} 值。这与 Lester 的测试结果相差了 8%，所以我认为我的 BGA 模型非常完美。

为什么你应该考虑 Lester BGA 的热辐射呢？这个故事的重点是给你另外一个不要过分相信来自元器件供应商提供 θ_{j-a} 值的原因。对 Lester 测试内容进行仿真可知其中 BGA 总散热量中有 64% 是通过热辐射所带走的。并且这 64% 的热量被包括在 θ_{j-a} 值的计算中。

那又怎么样？谁又会关心热量是通过热辐射或对流还是导热散掉呢，只要它散掉热量就可以了？

这里是你为什么需要关注的原因。在 Lester 的测试中，风洞壁面处于室温，所以 BGA 对于壁面有大量的辐射换热量（64%）。除非你设计一块用于 Lester 风洞内的 PCB，否则实际应用中你的电路板状况可能更像这样（见图 4-4）。

在你的 PCB 两侧有一些其他的 PCB，并且这些 PCB 上的元器件与你的电路板上的元器件一样热。还记得 Vernita 净辐射换热量的方程吗？净辐射换热量取决于辐射换热物体的温差。如果元器件的温度与周围“壁面”具有一样的温度，则净辐射热量几乎为零，甚至可能出现负值。

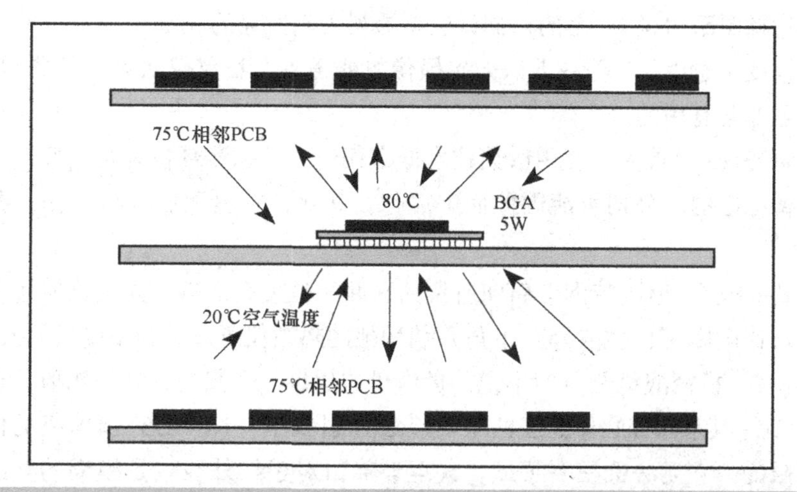

图 4-4　在你电路板实际应用环境中，BGA 辐射出来的热量几乎等于从相邻 PCB 吸收到的热量

Lester 的 $\theta_{j\text{-}a}$值取决于一个非常重要的散热路径，这个散热路径是你用 BGA 应用环境无法计算的。可以给你一个关于这个散热路径重要性的印象，在 Lester 的风洞中，BGA 可以向周围室温壁面散掉热量，所以 BGA 的结温只有 81℃。在仿真中，关闭热辐射选项，即便环境空气温度不变（20℃），但 BGA 的结温为 125℃。

这仅仅是一个例子，我很希望我能告诉你辐射换热量总是占总换热量的 64%，之后你在计算时可以采用这个参数。但这个百分比会随着封装类型、空气流速、热功耗和 PCB 中的含铜量而变化。

关于使用 $\theta_{j\text{-}a}$我所能做的保守建议是：不要使用。

Herbie，不要担心。当 Vernita 进来时，她仍然可以点亮一间房间。热辐射的方式与她进入到太阳下恰好相反。

4.2　红外摄像机的优点是有限的

Herbie 喜欢高科技的玩具。

当我拆包我的新红外摄像机时，他就站在旁边给我递工具，并且像午餐时的猎兔犬一样流着口水浏览摄像机的说明书。Herbie 喘着气说："它能正常工作吗？啊哈！我们能否在某人身上使用它？"

我说："某个人？我想你应该扫描 PCB 的热点。"

他说："好的，以后吧。但我听说了一个具有红外特征的摄像机，他们不得不召回这些摄像机，因为——哦…"

我边揉眼睛边说："是的，据说它能透视人们所穿的衣服。"

他改变主意说："等一下！如果摄像机能透视，我仅仅认为它是非常酷的，或者说是非常有用的。"

我责备说："首先，使用散热技术偷窥任何人的隐私部位都是违反热分析工程师道德标准的。公司可能因此而解雇你。其次，它也无法这样工作，我已经试过了。"

Herbie 说："但因特网上新闻所说的召回又是怎么回事？并且机械战警（美国科幻动作电影《机械战警》主角）使用他的热视仪可以看到墙壁后的人！"

我说："机械战警是科幻小说，摄像机的故事是夸张的。红外辐射，也就是 IR 摄像机靠其来感知物体温度的东西，跟 X 射线不一样。红外摄像机的作用是非常有限的。它无法透视一页纸，甚至玻璃窗对于红外线也是模糊的。红外摄像机只能产生物体的表面温度云图。我预料到某人使用红外摄像机的这种特性去给穿着宽松衣服的人摄像。贴在人身体处的衣服温度更高，宽松垂下的衣服部分温度相对而言更低。所以，你在屏幕上可以看到一个人身体的模糊轮廓，而不是衣服的形状。这给我们一个红外摄像机能透视衣服的错觉。"

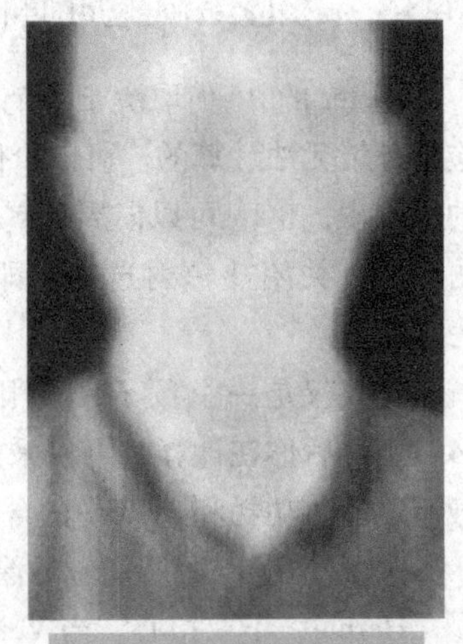

图 4-5　红外摄像仪呈现了 Herbie 的轮廓

"但即使是一个轮廓——"

"看一下你自己的红外线图片（见图 4-5）。即便你用红外摄像机扫描某个裸体的人，你看到的细节也要比你直接肉眼观察要来得少！那是因为红外线图片中颜色仅仅标识表面温度。因为你的所有皮肤具有相同的温度，你的脸庞是一种颜色的模糊轮廓。在这张图中，我们甚至无法分辨你的眼睛是睁开或闭合，因为你的眼皮与你的脸庞温度是一样的。它并不能很好地用来满足你对于隐藏温度的好奇心，是吗？"

红外摄像机不能做的事情

1. 它无法看到热空气流动

如果我们有一台能够显示热量从一个地方流向另一个地方的摄像机，那该有多好啊！Herbie 的经理命令我们将红外摄像机带过来，以便他能观察 Herbie 新机柜通风孔中出来的热空气。我不得不向他解释空气可能是唯一对于红外线透视的东西，所以摄像机不能显示给你看热空气。这个解释的说服力显然不够。

他也看过《机械战警》，所以我使用他的计算机显示器为他做了一个快速地演示。红外线图像显示了高温表面和通风孔内部的一些热元器件，但没有热空气流动。他从图片中可以看到他在显示器格栅上方的手。他甚至能用他的手感受到热空气，但就是无法在图片中看到它。最后这足以说服他。但他似乎比他应该表现出来的神情更失望。最后证明他真正想要的是借这个摄像机寻找他陈旧维多利亚风格房子窗框周围的空气泄漏。

如果你仔细考虑一下，如果空气对于红外线不透明，则摄像机将不具有使用价值。所有你在红外线图片中所看到的东西就是摄像机镜片正前方的空气层。

2. 它不能看到多层PCB中内部层的铜走线

Herbie确实具有想要透视某些东西的理由。他担心他最新PCB内部层中的一些走线对于它们传输的电流而言可能太薄。因为很薄走线自身电阻的原因，当有大量电流流经薄走线时，它们会变得很热，并且这个热应该使它们能被看见。不幸的是摄像机只能看到PCB的外表面。当内部走线的高温传递到外部表面时，它已经在各个其他方向传递了，所以即便你看到一些热点，它也很可能是一团模糊。即可能是有用的，但它不像X射线图那样精确地显示哪里是电子的瓶颈。

3. 它无法透视机柜侧面、柜门、壁面或元器件封装

现在你是否已经明白了？除了空气，红外摄像机无法透视任何东西。好吧，这里是一些例外——特制的硅片，它可以用做红外摄像机的镜头，以及玻璃和非常薄的塑料膜。

4. 它不能精确测量温度

最新的红外摄像机是数字的。它们要么连接到计算机，并且存储红外图片和数字的温度读数，要么内部存储一些信息以便以后通过计算机读取（见图4-6）。这是非常有用的，因为图片拍摄很久之后，你可以在计算机上打开图片并且使用你的鼠标显示某个点的温度。你不需要眯着眼睛尝试将图片中的颜色与温度标尺的颜色对应起来。

这会给人一种印象，用摄像机拍摄一张照片。你可以测量所有元器件的温度，并且抛弃掉烦人的热电偶。我在做梦！不幸的是来自红外摄像机的读数很有可能是错误的，因为以下原因：

■ 因为摄像机拍摄元器件温度，所以电路板不得不从它们的模块或机架中去除，或者至少将盖子去除，这就意味着：

- 电路板周围的空气流动与它们在真实工作环境条件不一样；
- 相邻电路板散发的热量没有了；

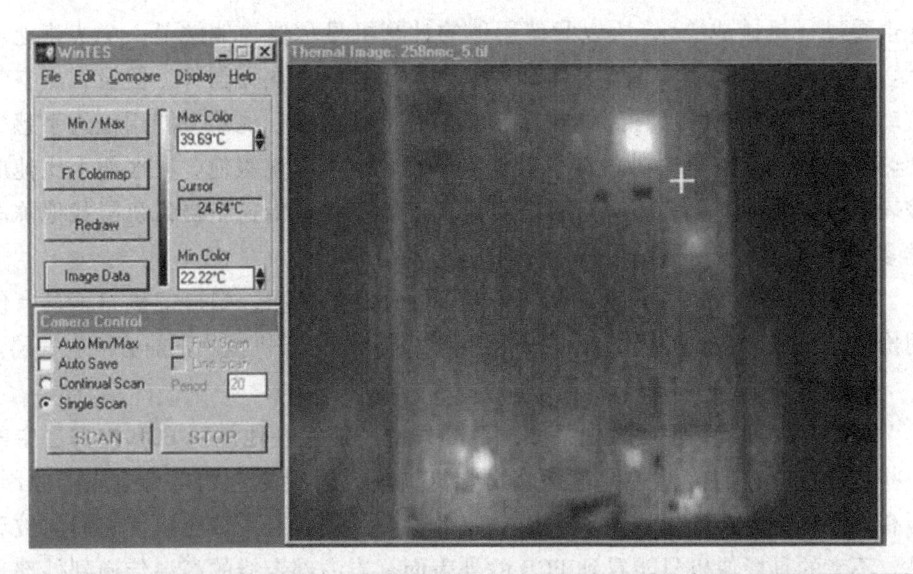

图 4-6　普通计算机显示的工作中 PCB 的 IR 图片（领导们对于彩色图片都印象深刻。注意：电路板上黑色部分要么是温度低，要么就是一个低发射率表面，即便它们不产生热功耗，它们看起来也不可能比周围的电路板温度低，不要被红外摄像机测试的低温所迷惑）

• 因为电路板在模块外无法完全正常地工作，所以很多元器件并不是产生它们的实际热功耗。

■ 没有人知道元器件的发射率，一个表面的辐射热量取决于两件事情，即摄像机尝试测量的温度和表面发射率。发射率由非常差的发射体 0 到非常完美的发射体 1 之间波动。摄像机假设所有表面发射率为 1，这不是真实的。它测量了一个表面的辐射热量，使用假设的发射率值计算温度。如果假设值是错误的，则温度是错的。因为发射率取决于材料的粗糙度、腐蚀、清洁度和其他因素，其中的一些因素还随时间变化，所以很难精确地知道发射率。

所以仅仅因为显示器告诉你温度是 67.2℃，不要认为你了解它的小数位，可能它更像 ±10℃。

红外摄像机能做的事情

即便红外摄像机具有很多限制，但它是非常有用的。虽然它的温度读数可能不是很精确。红外摄像机在寻找 PCB 上热点的优势无法被超越。它对于发现意外状况是很了不起的——你一启动电源，一个小尺寸熔断器像圣诞鲁道夫鹿鼻子一样燃烧。这就需要热电偶花费几个小时或几天去测量电路板上每一个元器件的温度，并且没有人有耐心这么去做（至少我没有）。有时我所预料元器件的热风险被证明只是温度稍微高于室温。

但红外摄像机可以立刻记录电路板上的热点温度。它可以帮助我确定在哪里布置我的热电偶线，以便电路板合适地安装在机柜或模块中，并且所有盖子合上，信号线通过所有通道，我可以测量元器件真实的工作温度。没有红外摄像机第一遍筛选的话，一些未预想到的过热元器件可能会不在我的选择之列。

红外摄像机应该在每一位从事电子冷却工程师的工具箱内。像任何工具一样，它也有它的用途和被错误地使用。由于某种原因，彩色图片使人们错误地认为这些数据非常精确和可靠。不要掉入那些陷阱。

如果你看见某个人拿着一个红外摄像机在你工作区域周围巡视，不要担心——除非你看见 Herbie 戴着他最近从阿奇漫画书封底订购的 X 射线眼镜。

4.3 否定结果也是非常重要的

Herbie 翻阅我最新的热测试报告并且问："我需要了解整件事情吗？你能否以五个或五个以内的单词告诉我答案？"

我说："看一下所谓的概述总结。它仅仅有两个单词。"

他说："行。概述总结：需要改进。就这个吗？需要改进？什么需要改进？"

我回答说："那就是为什么报告需要超过 11 页内容的原因。"

Herbie 进一步的阅读测试报告，他的嘴唇不断地动着。非常明显他对于我的负面报告非常不快。之后他再次准备进行质问。

他说："我刚才注意到你的报告中有一张我的电路板漂亮的彩色红外图片。"

我说："我使用它来确定你的电路板上的热点，以便于我在进行热测试布置热电偶时不会遗漏任何存在的热风险元器件。"

他以一种使人想起 Perry Mason 盘问 Lt. Tragg（美剧梅森探案系列案情节）的口吻说："我记得好像另外一份报告中也有一张类似彩色温度图片。现在我回想起来了，我让你为我的电路板进行热仿真，以便于我们提前预测元器件温度，从而确信它们是可靠的。"

我承认："你说得对！Therminator 给出了一张以颜色描述电路板温度的彩色图片，它与红外线图片非常相像。"由于某种原因，我开始出汗了。

Herbie 笑了，他问："之后你为什么没有将两张图片并排放在热仿真报告中，从而让我们能了解你在仿真方面的工作做得有多好？"

我不得不承认，这是一个令人惊异的好问题。Teleleap 公司花费了大量的美元采用 Therminator 软件进行热仿真，同时也花费了很多美元使用红外摄像机去测量元器件温度，并且付出了大笔工资给我去使用它们。Herbie 和我的其他热设计同事完全有权利看一张类似4-7的图片。如果他这么做，实际情况很有可能更像图4-8。

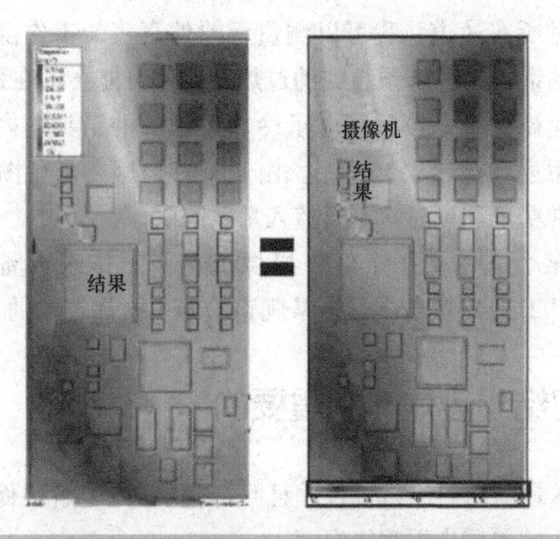

图4-7　在理想情况下，人们可能在热分析报告最后看到这样一张图

图4-8　什么是你真正所得到的，10次中有9次都是这样

我迟疑了一下，拿出了我最初关于Herbie电路板的Therminator分析报告。我非常纠结，并且怀疑这种比较的结果不是特别好。

他幸灾乐祸地看着，将两份报告放在我面前的桌子上，并且说："干得不错。"

在沉默了一段时间之后，在这期间我假装专心地研究这两张图片，似乎我是第一次看到这些图片。我说："这就是我们热学方面所谓的否定结果。"

我了解否定结果还是在我职业生涯的早期，那是20世纪下半叶我在底特律大学为了获得机械工程学士学位而从事高级热设计项目工作。我长学期所做的项目是设计一个磁流体（MHD）能量存储装置，这个概念由我的物理老师反复提及。如果你认为液体汞调速轮听起来像一种可笑的存储电能的方式，那么你就比我聪明多了。我的指导老师Jimmy Chu教授同意研究这个项目，在仅仅2h的手算之后，我证明了这个概念永远都不会产生效果。在粘性摩擦时会产生很大的能量损失，但那并不是问题最糟糕的部分，最糟糕的是我学期剩余的时间都要从事这方面的研究。

Chu教授告诉我："否定结果也是非常重要的！"并且从那时起这个短语就进入到我的脑海中。他允诺以我2h的工作作为整个学期的学分，并且解释我的否定结果将节省其他一个人浪费在这个概念上的时间，其中包括那个物理老师。他说你可能经常能从否定结果中学到比肯定结果更多的东西。

所以并不是将Herbie报告"丢"进我后面的档案柜中，而是我被激发为了更多例子而去研究我的报告。原来是10次中有9次，比较Therminator结果与红外摄像机的结果都以否定结果告终。其中有一次两者有一些相一致，也是一种巧合。这是我长期以来都一直怀疑的东西，只是我从来不承认。

Jimmy Chu是对的。通过观察这些并排放置的图片，我们可以学到一些东西。在看了它们足够长时间之后，我逐渐获得了一些改进热仿真过程的想法（或许）。

第一个教训（或者以Herbie的口吻来说原因1）：元器件位置变动

再看一下这张两块并不一样温度分布的电路板图片（见图4-8）。它们不一样的一个方面是元器件的位置不一样。在我完成热仿真工作之后，电子工程师有继续改变电路板设计的爱好，很多次都不让我知道。这样做不仅仅很难使仿真结果与红外摄像结果相吻合，而且会使我的热仿真结果站不住脚。所以第一个教训是：如果你在热仿真工作完成之后改变电路板设计，至少要在得到热设计工程师同意之后再进行那些改动。

第二个教训：无用的功率输入，无用的功率输出

似乎没有人擅长估算电子元器件的热功耗。我知道我肯定不是。所以，我依靠电子工程师来计算它。因为他们被告知在它们计算中使用每一个元器件的最大热功耗是一种保守的设计方法。所以他们往往会过高估计热功耗。那可能对于选择电源和走线宽度有好处，但它会使仿真的元器件温度过高。毫无疑问估计的热功耗越高，仿真的元器件温度越高。在Herbie的例子中，在Therminator

软件中估计的整块电路板的热功耗为16W。在电路板制样之后，测得的总热功耗为6W。一个内存芯片的估计热功耗为5.5W。它的实际工作热功耗为0.1W。如果红外摄像机不能认出一个0.1W热功耗的芯片，不要感到惊讶。

第三个教训：一张图片等于一千个谎言

红外摄像机获得一张电路板工作在它实际环境中的图片需要一定的时间（参见4-1节）。通常一块电路板被放置于机壳中，周围环绕着其他的电路板，并且由电缆线覆盖和两扇实体金属门堵塞。那就是Therminator软件尝试进行复制的环境。为了得到一张红外线照片，当电路板被插入到实验室工作台上的试验夹具时，我进行拍摄。空气流动状况与实际情况一点也不像。如果你仿真了试验夹具，或许是唯一一次CFD结果图片与红外摄像图片相吻合的机会。

第四个教训：不要隐藏否定结果

我认为Therminator在预测元器件温度方面表现得很好。我花了许多时间去学习它的复杂原理，以确信我知道如何去使用不同的湍流模型，什么时候采用热导率随温度变化和在计算热辐射时要使用多少细节信息。通过勇敢面对“否定结果”，我考虑到我不能让元器件停止变动位置，或者是让元器件的估计热功耗在实际值的50%之内，我意识到所有这些方面都是微不足道的。

那就是为什么你永远都无法在热测试报告或技术杂志中看到像图4-7或图4-8一样的图片。使图片具有那样的一致性几乎是不可能，并且没有人喜欢公布他们“不成功”的结果，特别是以全彩色图片的形式。这类图片的缺乏应该使你想起Chu教授对我说的：“否定结果也是非常重要的！”

4.4 选择性表面

我问：“谁是那个拿新奇大剪刀的人？”

Herbie说：“那是Percy，Biological Intercommunications Group的副总裁，公司简写为BIG。从第一天开始宠物追踪系统就是他的得意之作。”

在普雷里顿警局有着一种节日的气氛，小孩们牵着小狗，警察的巡逻车上系着彩色气球，甚至有中学生游行乐队。Herbie邀请我参加首次全面的丢失宠物追踪系统（LPTS）的演示。

Percy使用一个警用的手提式扩音器，站在一辆美式小火车尾部挡板的旁边，不断地发表着他的演讲：“LPTS是功能强大的，同时又是非常简单的。它有三个基本的组成部分。一个是植入到你的狗或猫皮肤下的ID芯片。第二部分是一批位于整个城市重要位置的遥感装置。它们扫描ID芯片，并且当它们探测到你正在寻找的 ID 芯片时，芯片的位置信息被返回到第三组成部分，即警局总部的宠物地图显示屏。之后你的警察调度员将指示一个警察，即刻到丢失宠物 3ft 半径的范围内。结果就是再也没有丢失的小狗！我将其称为技术的胜利。”

Percy 和市长笨拙地手持着大剪刀站在飘扬到警局车道的大缎带前。当乐队演奏“How much is that doggy in the window?”时，来自 Weekly Paper 的摄影师给他们拍了照。在剪开缎带之后，Percy 笑着宣布：“多年来警察习惯于使用狗来搜索逃犯。当狗自己变成逃亡者时，终于警察有了一种方法来寻找狗。”

这种演示本质上是一种高科技的隐藏和搜索的游戏。五条具有 ID 芯片的狗被释放去寻找隐蔽场所。10min 之后，使用 LPTS 的警察调度员尝试指示警察巡逻车去寻找它们。公众被邀请去密切注意安放在法院前面台阶上的大屏幕电视中宠物地图的进展。

在 Percy 点头之后，警察局局长向空中射击，演示正式开始。在一阵吠叫和嗅了嗅自己屁股之后，狗开始四散奔逃。

Herbie 说：“当我们等待它们隐藏时，我实际上有一个散热问题要问你。”

我几乎脱口而出：“射击。”但由于警察局局长还拿着枪，所以我仅仅说：“行。”

他说：“这个问题关于遥感装置，它们自身不会产生很多热量，但它们被安装在小的不通风的盒子内，这些盒子被安装在路灯杆上，在这个位置能受到太阳的直接辐射。我们担心日照加热可能会引起内部的电子元器件过热。”

我说：“那确实值得担心。”

他说：“实际的路灯杆安装盒是由另一家叫 PoleCat 的公司为我们设计并安装的。我们自己生产电子元器件并且将它们装入到盒子中。当我提及我关于太阳辐射的担心时，PoleCat 公司的工程师告诉我，就是用一种被其称为选择性表面涂层的东西涂覆在盒子的外表面。”

我说：“所以它们将它涂成白色。”

他问：“是的！你是怎么知道的？似乎是有作用的，但选择性表面又是什么？”

我说：“啊，选择性表面，几千年以前贝都因人或一些其他沙漠居民发明的高科技。它需要采用一些物理知识来解释，但不需要太多。”

我用警察局草坪中一块泥土上插着的枝条画了这张图，见图 4-9。

我解释说：“每一个物体，除非它是绝对零度，否则它就会进行热辐射。如果你画出一个物体辐射量与波长的关系图，它看起来像一个图锥形帐篷。它会在每一个波长下散发能量，但散发能量最多的是在一小段波长范围内。这个圆

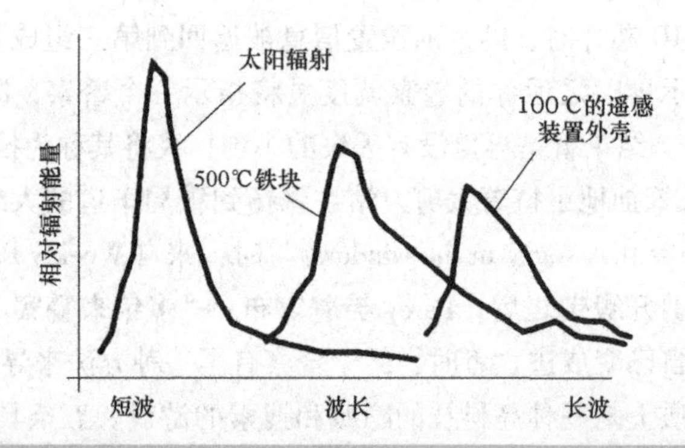

图 4-9　高温物体（例如太阳）比低温物体在短波范围有更多辐射能量

锥形帐篷区域的位置取决于物体的温度。物体温度越高，则此波长范围越小。”

“例如，6000℃的太阳光位于波长图形中的左侧，在这个范围是可见光。中间的圆锥形帐篷有可能是500℃鼓风炉中的铁块。右侧是你 100℃的发热遥感装置外壳，其在可见光范围内不会燃烧，但还会发射出红外辐射。”

Herbie 点了点头，“高温，短波长，我明白了。”

我继续说：“这就是辐射的发射方面。现在让我们来谈论一下接收方面。像这件我不幸选择在北半球 7 月夏天午后所穿的深蓝色 T 恤，除了像 X 射线和宇宙光之外，在整个辐射波长范围内，它吸收辐射的能力都一样的好。我 T 恤的吸收辐射图看起来像图 4-10。”

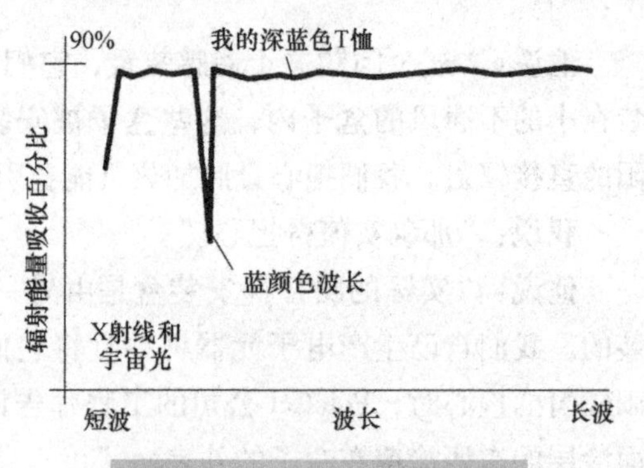

图 4-10　T 恤吸收辐射的特性

“一个选择性表面就如同它的名字，因为它的吸收辐射仅仅位于选择的波长范围（见图4-11）。你们所用特殊白漆的吸收辐射图很有可能就是这个样子。在太阳辐射波长范围内，它的吸收辐射很少。绝大多数的短波，特别是可见光部分得到反射。对于更长波长的光，它正常地吸收。如果我有一件像这样的白色 T 恤，我想我就不会像现在这样汗流浃背了。”

Herbie 笑了笑：“哇，它就像一个对于辐射的高通过滤器。好主意，但我们不需要吸收任何能量。难道它们没有一个在整个波长范围内都是吸收辐射差的表面吗?”

我说：“好的，它的名字叫镜子。那也非常有用。但如果你没有保持它的清洁和闪亮。随着时间推移表面的污垢和黏性物质会使它成为一个很好的能量吸收体。”

来自人群的抱怨声使人们将注意力重新回到隐藏和寻找演示。大屏幕上的几个光点不再闪亮。

Herbie 愣了一下，并且立刻仔细考虑这个问题。他轻声低语：“看起来在 GridB-3 的遥感装置正间歇工作。快，咱们走。或许又是一只松鼠在咬天线引线。”

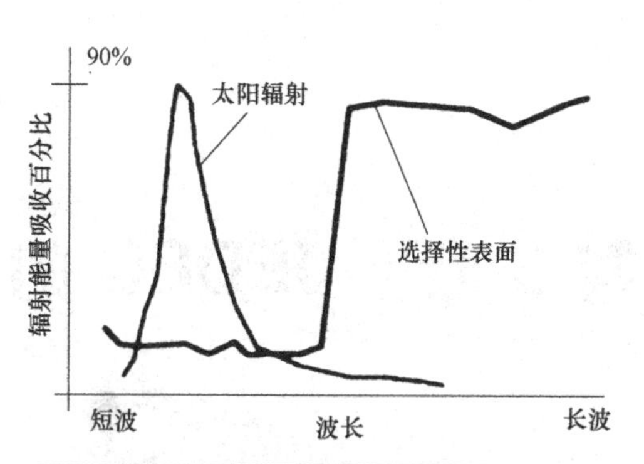

图 4-11　选择性表面吸收辐射仅仅在太阳辐射能量弱的区域

我们跳上我们公司分配的单脚滑行车，并且朝普雷里顿的西北方向闲逛过去。Herbie 在动物升降机附近的厄尔克斯大厅前面停下，并且拿出了一张严重弄皱的地图。他四处张望，向上看周围商业大楼的屋顶。他大声地喊叫：“现在哪里有那个遥感装置？他们通常将它们放在城市路灯杆上，以便于它们可以从灯的电路中引出电源线。”

我指着马路对面的 FoodMax 杂货店问：“那个是吗？”

Herbie 说：“是的，我第一眼压根没认出来，并且现在我知道为什么。我想 FoodMax 认为遥感装置与它们的装饰风格不相称。”

有人已经对遥感装置外表涂了巧克力棕色，从而使它与其他建筑颜色相匹配。当我们在那里坐在自己的单脚滑行车上时，进行演示的一只狗经过杂货店，并且将腿抬起顶在遥控装置正下方的墙上。它似乎狡猾地对着我们笑，它的舌头在 7 月的太阳光中晃来晃去。

我耸了耸肩说：“我想如果你将依靠选择性表面进行温度控制，你不得不更多地考虑遥感装置的安装表面。”

本章第一次出现在《Electronics Cooling》2002 年 11 月刊中，已经得到再版的授权。

第 5 章　JEDEC 的故事

在电子散热领域有两个比其他行业更广泛推行的错误。它们都基于过时的工业标准，并且它们具有相同的危险性。很难说它们中的哪一个更广泛的，询问你的同事，你可能会发现他们都认可这两件不真实的事。

其中一件事情是如果你每减少电子元器件温度 10℃，它的寿命（或可靠性）亦能翻倍。阅读《Hot Air Rises and Heat Sinks》的第 30 章就可以知道为什么这件事是完全错误的。

第二件事情是极其流行的通过使用元器件热阻θ_{ja}和θ_{jc}来确定元器件的结温。那是不正确的。甚至定义这些热阻的标准也告诉你不要通过它们来计算元器件结温。下面的几个章节归纳了我对想这么做的热设计工程师的轻微惩罚，并且告诉他们不要这么做了。

5.1 不包括 PCB

Herbie 和 Renatta 争论的声音很大，以至于我认为他们正在进行橄榄球比赛的输赢赌博。Renatta 总是选择具有目前最好四分卫的队伍，而 Herbie 总是选择地理位置上更接近他家乡的队伍。

Herbie 断言底特律雄师将肆虐绿湾包装工前线（两支均为美国国家橄榄球联盟球队），“他们会将它做成瑞士干酪！”

我模仿 Homer Simpson（美国电视动画《辛普森一家》中主角）的口吻说：“瑞士干酪。”

Renatta 指着我说：“有一个家伙可以平息这场纷争。”她猛烈地在白板上画草图，记号笔墨水溅到了她的脸颊上。

我说：“哦，橄榄球不是我所擅长的运动。”

Herbie 说：“橄榄球？伙计，你的思绪快回到办公室吧。我们完全是在讨论散热问题。”

我说：“哦，我希望听到一些有趣的东西。这些 X 和 D 的符号是什么意思？”

Renatta 抢在 Herbie 之前说：“这是我避免心灵感应（Telepathic Port Module）遭受散热问题的新想法。我们采用 PCB 作为心灵/光学变压器（Psychic/Optical Transformer）的散热器。”

Renatta 是来自塞多纳实验室的结构设计师。她的艰巨任务是组装 HBU，正如她所说的：“将 4.54kg 的大脑放到一个 2.27kg 的盒子中。”Renatta 的父亲曾是卡特政府的官员，负责英制单位和公制单位的转换。

Herbie 说：“自从她读了你的书之后，Renatta 认为她是一个资历较浅的热设计专家。”

我说：“所以说你是一个热设计专家！你为什么不告诉我关于你散热器的想法？”

Renatta 给了我一个类似长途接线员似的勉强微笑。“我从网络上一个散热论坛中得到了这个想法。这个叫 Spike 的家伙说如果你在你的 PCB 中加入铜层，你可以将元器件的热阻减少一半！”

Herbie 点头表示赞同，“你的 *Thermal Tip of the Day#142* 甚至说由元器件产生的热量通过元器件引脚进入到 PCB 中，所以那是有道理的。”

我不确定地说：“行，那 X 和 D 又代表什么？”

Renatta 说："这是另一个名为 KirkNSpock 的家伙说他在一本杂志上看到你可以在 PCB 上钻一些孔来提升电路板的散热能力。他说：增加表面积或其他一些什么。所以那就是我想对 TPM 所做的。在 POX 周围增加一些孔。我想要 Herbie 告诉我在哪些位置可以增加孔，从而不会切断走线。"

我问："电路板上打孔？我之前从未听说过。它们是如何有助于元器件散热的？"

Herbie 说："我也想知道原因。但因为那个匿名的网络家伙在杂志上看到这个方法，它应该是真实的。他说他也不知道其中原理，但他宣称测试结果显示电路板的孔可以使元器件温度更低。"

Renatta 说："我的解释是空气通过这些孔，产生湍流，这会强化热交换的程度。此外，你将所有高温的功率层暴露在冷空气中，这也会使整块 PCB 温度更低。这使我认为孔的尺寸应该是很大，它的直径应该为 10 ~25mm。"

Herbie 问："它和美元硬币中哪一个尺寸相类似？"

我说："大约像一个便士的尺寸。"

Herbie 说："我认为这些孔增加了电路板的辐射换热量。上个月我在理发店的《Scientific American》中看到一个洞可以看做一个黑体辐射器。我们想让电路板布满微小的黑体洞辐射器，所以它们应该是小的孔，直径尺寸大约为 1/16in。"

我说："哇，那不像我的理发店所具有的杂志。"

Renatta 说："所以我们需要你来平息这场争端。我们想对这块电路板增加一些孔，从而使电路板成为更好的散热器。告诉我们这些孔的尺寸多大和布置在哪里可以给我们带来最好的热性能。"

我盯着电路板布局好一会儿后说："为了获得电路板最小的温升，你应该有一个直径为 1/8in 的孔，它的位置就在输入熔断器的旁边。"

Herbie 看着我在电路板布局图中画的大圆点。他恍然大悟说："但那个孔正好切到了提供所有电路板电功率的走线上！"

我说："是的，没有功率就没有热量，更没有温升。这是唯一电路板上钻孔能减少它温升的方法。"

Renatta 尝试着说："但增加表面积……"

我说："任何比此孔大的孔都会浪费更多的表面积。"

她说："但关于增加湍流……"

我解释说："除非你将电路板与风扇出风成 90°角，否则不会有任何空气流过这些孔，所以它们不会对空气湍流流动产生任何影响。"

Herbie 急忙讲："但孔的辐射……"

"对于辐射视线范围内有一个低温表面是相当重要的。你的孔能够辐射热量到相邻电路板吗？这些相邻的电路板具有和钻孔电路板相同的温度。听起来就像你的常识从你颅骨中的空腔辐射出来。"

Herbie 哀号着说："嗨！"他的手下意识地摸索着他的头顶，似乎为了打开一个孔。

我说："让我们讨论一下使用 PCB 作为元器件散热器。你猜怎么着？你没有任何选择！Renatta，你提到了元器件的热阻。你是否知道如何测量元器件结温和环境之间所谓的热阻（$\theta_{j\text{-}a}$）？元器件被焊到一块 $4in^2$ 的测试板上。所以在元器件说明书中的热阻值已经包括了一块相当大电路板散热的影响。当电视广告中播放一些新款的电子玩具时，演播员总是在结尾说：'不包括电池。'我认为在元器件说明书中靠近 $\theta_{j\text{-}a}$值附近应该被注明：不包括标准测试板。"

"那就是我暗示你没有任何选择的原因。为了得到至少和元器件说明书中一样好的热阻值，你不得不使用一块至少与测试时使用电路板一样好的 PCB。"

Renatta 惊愕地坐在那里好一会儿，之后问："我们如何才能知道我们的电路板散热性能比测试时所用电路板更好？"

我说："好问题，这个答案是你无法知道，因为元器件供应商没有告诉你他们的测试板是什么样的。它可能是只含有少量信号线的单层板，有时也可能是仅含有信号线的双面板。有时它内部会具有功率层和地层。电路板的含铜量越多，它的热扩散性能越好。那如何与你的电路板进行对比？"

Herbie 说："我们的电路板是具有 4 层功率层和 4 层地层的 16 层电路板。听起来它应该散热更好。"

我说："可能是，也有可能不是。归根到底，你的电路板上不止一个元器件。如果你的电路板上有许多高功率元器件，那么对于内部铜线而言就没有多少可以散热的面积。"

Herbie 咬着他的嘴唇说："在电路板上有 12 个 POX 芯片和其他 16 个高功率元器件。"

实验室内顿时变得鸦雀无声。

Renatta 开始去擦白板。她说："你不喜欢孔的原因仅仅是因为它来自一个网络论坛吗？"

我说："等，等一下！"填满孔的墨水给了我一个想法。"我想 KirkNSpock 可能是对的！"

Herbie 说："我了解孔的辐射。"

“不，这与辐射或空气通过孔没有关系。当那个网络家伙说通过增加孔可以降低元器件温度，他并不是说孔；他意思是其他形式的孔，那种你经常用来将电路板不同层连接起来的孔，你将其称为什么？”

Herbie 说：“热过孔？”

我说：“是的！热过孔！当然！这些热过孔连接了布满铜的电路板各个层！这使电路板具有更好的热扩散性。使用电路板作为散热器的一个问题是绝大多数元器件都是表面贴装元器件。元器件的引线仅仅与电路板顶部的信号层相连，在这一层中几乎没有多少铜。实际上你希望电路板内铜量多的层能连接到一起，但由于电路板内绝缘环氧层很差的导热性，热量很难进入到这些含铜量多的层中。但如果你利用热过孔将电路板内顶层与其他内部含铜层连接起来，电路板内的热扩散会得到很大改善。那个网络家伙是对的——增加许多热过孔可以使电路板成为一个更好的散热器。他仅仅因为使用一些不精确的术语，使你的想法进入了错误的轨道。所有的热过孔是孔，但并不是所有的孔都是热过孔。”

Renatta 说：“热过孔！那下一步建议我该怎么做？”

Herbie 说：“把白板先擦干净！尽管热过孔有所帮助。因为电路板上有一些固定的孔，所以可能没有太多空间来容纳许多热过孔。”

我说：“只要这场纷争平息，之后，我会去看看橄榄球彩票。”

5.2 热I/O

硅谷——I^2R 公司发布它们革命性、高密度 DBGA（Double-sided Ball Grid Array）封装。除了增加封装底部的阵列焊煬球之外，还通过封装顶部的一系列焊煬球来增加 I/O 密度。封装部门的副总裁 Schotz 说：“客户强烈地追求引脚密度，我们积极地进行响应。现在由我们的客户想出如何来连接这些在封装顶部的额外焊煬球（见图 5-1）。”

不要惊讶地将你口中的咖啡喷出来——没有双面 BGA。它永远都不会被大众所接受，仅仅是因为没有人会购买它。可以确信这个 I/O 密度是不可能被超越的，但没有将这类封装所有引脚焊接到 PCB 的有效方法。没有电子硬件设计工程师会接受这类荒谬的封装。那热设计工程师又会如何呢？

互连技术在过去 50 年得到了蓬勃发展，以至于我们认为一切都理所当然。很难相信，但直到 20 世纪 60 年代，电子装配由贴于平板的元器件和点对点布线连接所组成。看一下你叔叔地下室旧电视机的内部，你就会明白我所说的意思。

冷战的一个好处是电子元器件不得不尽可能的小巧，以便于放到导弹的内

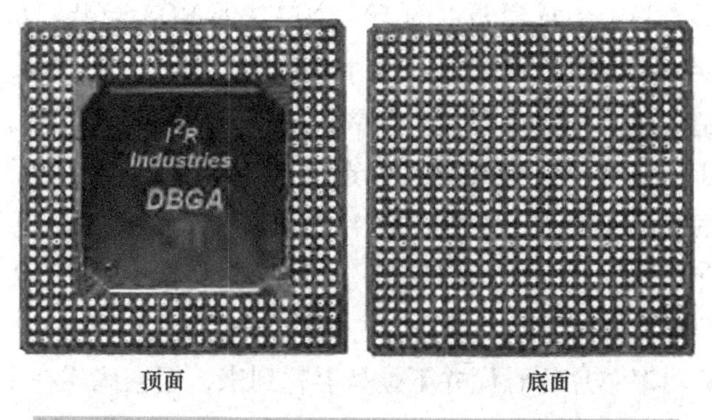

图 5-1　包含大量 I/O 的新型 DBGA 封装底面和顶面

部，同时又具有可靠性。这就要求人们研究一个真正的互连电子集成系统。印制线路板消除了点对点的线。元器件封装通过机器焊接来达到标准化。电路板通过分离连接器插在一起，仅剩的那些线也与连接电缆捆绑在一起。从硅芯片到系统级，每一部分都精心设计，以至于电子互连制作简单、快速和可靠，并且绝大多数时候可以通过机器加工。

当你一年生产 54 万台 DVD 播放机时，你强烈地希望通过一道工序就可以将所有的元器件焊接到一起。这也就是为什么没有元器件供应商会引入一种无法采用便利焊接技术将其组装到 PCB 的封装。所以在元器件顶部放置焊煬球不是一个好的主意，除非你也有一种简单、可靠、廉价和自动地连接这些焊球和其他电气电路的方法（如果你确实有这样一种方法，记得申请专利）。

为了得到一个全面的电子互连系统耗费了大量的精力去定义一个接口处所有输入/输出（I/O）路径。在元器件供应商推出新的封装之前，他们需要经历漫长而艰难的电子 I/O 思考。

为什么他们不对热 I/O 做相同的事情呢？

这主要是因为几乎没有人认为需要一个非常明确的从芯片到外部的散热路径。给它起个名，至少应该让人们想到它。给它起一个如“热 I/O”的名字要比起一个“热传递路径”的名字更能引起人们的注意。

每一个电子信号（加上功率和地）都有一个很好的定义，指定了从芯片到引脚再到 PCB 上焊料焊盘的路径。芯片产生的热量需要一条从芯片到外部世界的散热路径，这就需要和电子 I/O 一样很好地定义。热量寻找从芯片出来的路径，无论这条散热路径是否被定义，热量通过引脚、塑料模、气穴，有必要的话也会通过装饰标签出来。问题是如果这些路径没有被设计或说明清楚，则没有人知道哪里或如何将它们连接到散热器，或者是否一个散热器能满足要求。

这就像得到了一个没有I/O说明书的596个焊球的BGA封装。如果真有这样一个BGA，你不得不猜想哪一个信号在某个焊球上。

元器件制造商随意地推出30W、50W，甚至100W的元器件。通常它们的说明书中没有一丁点儿提示，但元器件制造商知道电子封装工程师将必须采用一些热交换的小发明（散热器，射流冲击冷却喷嘴或蝙蝠侠敌人急冻人）来散掉这些热量。几年以前热I/O可能被忽略。由于元器件功率低，几乎任何潜在路径对于散热而言都是足够的。

虽然100W功率芯片的时代并不是马上就到来，但它确实在来的路上了。所以我正在行使作为一个热设计专家的权利去颁布以下标准：任何不遵从它的供应商将在今后的出版物上被严厉地取笑（这是一个足够可怕的威胁吗?）。

热I/O标准

1）你将清楚地定义从芯片到封装外部的热I/O路径。从芯片到封装表面具体某一个终点路径的热阻需要进行测量和公布。

2）你应该与客户进行讨论，并且确定他们如何将电路板中热量散去的方法，之后设计与这些方法共同起作用的热I/O路径。不再丢弃新的封装设计，并且当有人询问封装散热时，你不可以只是耸耸肩。

3）你应该为每一个芯片增加一个温度传感器，外部设备可以通过专门的引脚来读取它的温度。这种方法能分辨一种冷却方法实际上能否使芯片内部受益。

4）你应该根据之前温度传感器测量得到的结温，给出封装的工作温度限制，所以我们有机会分辨你的封装是否在我们的应用中会变得很热。不再是“70℃环境温度”封装。

可能热I/O的概念会变得流行，从而使我们电子散热的工作更容易开展。但我害怕的事情是我会首先看到双面BGA大量量产。

本章第一次出现在《Electronics Cooling》2002年2月刊中，已经得到再版的授权。

5.3 JEDEC标准：墨守成规的标准

有一个关于任何话题的会议。真的，任何话题。但我听到有一个关于机电系统内的热问题时，着实吃惊了一把。因为我所有的工作都是关于HBU，这个话题似乎正合我口味。这个会议10月中旬在美国佛罗里达州的奥兰多举行。

我热切期盼着与其他热设计专家进行亲密交流，分享 Herbie 的故事和从竞争对手那获取大脑冷却的想法。我没有想到在那种友好的场合会遇到一件无法忍受的事。

几个小时之后我已经习惯了酒店昏暗的会议室，差不多到投影机呼的一声启动之后陷入了沉静。但在下一个报告时，我坐得笔直笔直。Marshall！我没有注意到他在报告中的名字。但他人在那里，用他的红色小激光点将人们的注意力集中到报告第一页。

Marshall 和我之前有过节。他和我就如同 Moriarity 和 Sherlock Holmes（两者为《福尔摩斯探案集》中人物），Wellington（19 世纪英国著名的将领）和 Napoleon（法兰西第一共和国执政官，与 Wellington 进行了著名的滑铁卢之战），Mandark 和 Dexter（两者为美国喜剧科幻动画《德克斯特的实验室》主角）。他的实验室比我的更大，他的热设计能力可能比我更胜一筹。如果他没有转向阴暗面成为一名 JEDEC[⊖]护卫者该有多好啊！

Marshall 开始了他的演讲，题为“优化葡萄糖供电的 Flip-chip BGA 封装热阻。”在他演示完概要幻灯片之前，我跳了起来，叫喊道：“他又来这一套了！他又来这一套了！”

所有人的眼光都转向了我，并且都怒目而视。Marshall 清了清他的喉咙，而我则淡定地坐回到我那张坚硬的酒店椅子上。

Marshall 供职于一家电子元器件的生产公司，这家公司最近被拆分且更名为 Vaguetron。他领导了一群热设计工程师去提升他们产品的热性能，听起来非常不错。

这份研究报告相当简单易懂。Marshall 研究了 GPBGA 几种结构参数，看这些参数会对 GPBGA 的热阻产生多大的影响。他尝试了三种 die 的尺寸，两种 die-Attach 粘合剂，三种塑料密封剂，两种基板材料和三种葡萄糖铂金存储盒的位置。他使用 CFD 仿真来研究所有这些参数的组合，并且通过在一个风洞内的测试来验证这些仿真结果。他在报告中显示，CFD 仿真结果和风洞测试数据完美吻合时，会场的每一位人都显得非常兴奋。Marshall 宣称只有两个参数对于降低热阻有帮助，即大的 die 尺寸和高热导率的基板。其他的参数都是不重要的。他也宣称这些结果将决定封装设计最终会做出哪些改进。

在一阵热烈的鼓掌之后（Marshall 是一个充满活力的演说家），我再次跳出

⊖ JEDEC 是一个称之为电子器件工程联合委员会的协会组织，它持续地更新热阻标准，以使它们更有用。

来准备问一个问题。我向程序委员会主席点了点头，他已经从椅子上站了起来，我说："我不会闹事。"

Marshall 假装他不认识我，笑着示意让我提问。我说："非常棒的工作，但有一件事情我不明白。你的目标是使封装具有最小的热阻，我假设在客户的实际应用中，这个目标可以认为是 die 的温度尽可能最低。"

Marshall 点头，但是带有一点怀疑。

我继续说："你为什么在一种根本不像实际情况的应用环境中优化 GPBGA。在所有你的测试中，封装都被贴到一块 4in×4in，并且没有其他元器件的电路板上！"

Marshall 快速地将报告翻至他实验设置的图片中（见图 5-2）。他说："我当然可以解释，这是工业标准 JEDEC 的测试板。它是用于评估所有封装热阻所用的电路板。不仅仅在 Vaguetron，在全球每一家元器件生产商中都是这样。"之后他快速地接受来自房间内其他人的提问。

图 5-2　JEDEC 对于元器件热阻测试的标准板。它是否与你实际应用的 PCB 一样？

我依然站着，希望继续发问。我的脑海中出现了反驳。它简直就要让我发疯了，他使用了一个像 CFD 这样强大的工具去优化元器件的散热性能，而且以这样一种元器件永远都不会在真实应用环境中出现的方式进行优化。

对于一个元器件的热量而言，有多条不同的从热源 die 到外部空气的路径。它们可以被划分为两个主要方向——自下进入 PCB 和向上进入元器件顶面。如果有一个散热器的话，热量通过散热器进入到空气中，否则直接进入到空气中。

遵从 JEDEC 标准，Marshall 将他的封装元器件放在一块边长为 4in 的 PCB 上。由于双层 PCB 中有足够多的含铜量，所以它可以将来自封装底部的热量快速扩散开来。JEDEC 的电路板作为相当好的散热器，主要是考虑到它具有超过 60 倍的元器件表面积。

我想象着 Marshall 的反驳。有什么问题吗？为了能使用，任何元器件必须被放置在某种电路板上。

但什么时候你看到过一块两个面总计 32in 的电路板上只有一个元器件。

将那个极其可恶的 PCB 贴到封装底部夸大了所有向下至电路板热路径的重

要性。相比之下，任何对封装顶部热路径的改进都是微不足道的。所以很自然 Marshall 的测试结果表明在封装底部高热导率的基板对 die 温度有较大影响，但在封装顶部的葡萄糖存储盒没有什么影响。如果他对封装底部采用一个 1in × 1in 的板子和封装顶部采用一个大散热器，他的测试结果很有可能完全相反。

最后，Marshall 再一次转向我。我问："为什么在 JEDEC 电路板上优化封装的最佳热性能？它难道不像优化曼哈顿街道中走走停停汽车的燃油经济性一样？如果那是汽车燃油经济性优化的标准，那么我们的结论——改进汽车的空气动力学，是没有用的。"

在听众中开始激起了一些小的争议，Marshall 耸了耸肩："我承认你关于 JEDEC的电路板可能无法代表每一种元器件应用电路板的状况，例如你们公司通常的产品。但考虑到 Vaguetron 必须为各种应用进行设计，你建议采用什么标准？"

当我张开嘴和抬手指犹豫之际，程序委员会主席宣布进入茶歇时间。他用手肘将我推到甜点桌旁，并且在我嘴里塞了一块丹麦曲奇。

"Marshall 赢了这场较量，但我知道你是对的。"他说："JEDEC 标准是相当不现实的，并且使测试环境与封装实际工作环境不一样，但它是目前唯一可用的标准。直到他们想出一个更好的标准之前，你无法让 Marshall 或其他元器件供应商去改变。"

我静静地咀嚼着丹麦曲奇，想象着逐渐过时的 $\theta_{j\text{-}a}$ 帝国崩溃的那一天。我想象如果我拥有裁决这场闹剧的权利，Marshall 可以变成…

第 6 章　松散关联的故事集

不知为什么他们决定我在四年级的时候要学习集合论。它快把我给逼疯了。并不是说集合论的规则难以记忆。交集和并集并没有什么大不了的。使我烦恼的是集合的定义——并不存在任何定义！一个集合可以是任何东西，也可以是没有东西（空集）。在我四年级时的思维中（到目前为止也没有太多改变），一个集合应该被期望有一些东西在其中，并且这些东西之间似乎应该具有某种关联。例如，一个食盐和胡椒粉瓶的集合；所有数字的集合，甚至是 George Bush 和 Bill Clinton。

但根据集合论，可能存在一个相互之间没有关系的集合。这种似是而非的定义使我发疯到无法通过我的集合论测试。因为如果定义集合关系的规则是集合中事物没有关系，则意味着它们都具有这个定义，所以这又使它们又具有某种关系，这就表明它们不能成为一个集合的元素。所以之后的章节集合中不存在任何逻辑关系。在它们陷入自相矛盾之前，赶快阅读吧！

6.1 牛奶瓶的故事

另一件使我夜不能寐的事情是乳制品投递专家（送奶工）。牛奶被直接从当地牛奶场送递到我家。他们在早上 4 点就送递牛奶。送奶工有一个原则，当室外温度低于 -18℃（0℉）时，他会按响门铃。这是提醒我牛奶正放在门廊前，在我睡到自然醒后将它们拿进屋之前它可能会凝固。

最近一次我被清晨 4 点门铃吵醒之后，我的脑海中再次出现了一个想法：“牛奶变冷的速度有多快？我的确不得不起来营救牛奶，还是我可以拖延至早上的七八点钟，那时候我已经起床了？”幸运的是，我是一个喜欢回答自己提问的人。

这个问题可能正如你在传热学或送奶技术手册中所看到的，如图 6-1 所示。

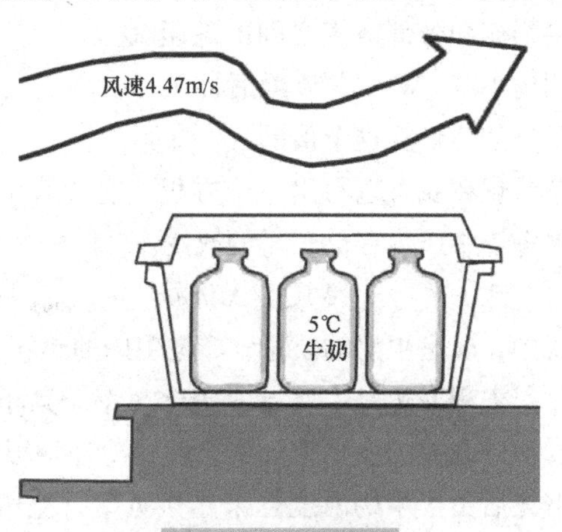

图 6-1　牛奶散热

送奶工在早上 4 点将 2USgal[⊖] 牛奶送到我家门廊前。牛奶被放在一个彩色塑料野餐冷藏盒中。在一周中最恶劣的气候环境为空气温度 -29℃（-20℉），并且风速为 4.47m/s。送奶车出来的牛奶温度为 5℃（41℉）。在门铃响之后，牛奶温度下降到 0℃（32℉）并且开始冰冻之前，我可以在被窝中待多久？冰冻非常可恶，因为它可能会损坏玻璃瓶，更糟糕的是有可能破坏令人愉快的每日新鲜美味。

因为我引入了时间的概念，所以这是一个考虑各种细节的复杂问题。在我与 Herbie 绝大多数的相处中，我们仅仅考虑电子设备的稳态温度，例如在经过很长一段时间之后元器件会变得多热。我们不会讨论加热或冷却过程会有多快。这会涉及热容的概念。

热容是一种物质存储热量的能力。严格来说，它是一种固定数量材料温度上升 1℃ 所需要的热量。举例，将 1kg 水升高 1℃ 的热量是将 1kg 空气升高 1℃ 的 4 倍。你可以说水存储热量的能力是空气的 4 倍。

因为牛奶具有的热容特性以及它比空气温度高，牛奶内部可以存储热量。在牛奶温度与空气温度相同之前，热量不得不通过牛奶内的几种路径进行传递

⊖ $1USgal = 3.7851dm^3$，后同。

（见图6-2）。如果我们能计算这些热阻和存储在牛奶中的热量，我们可以计算牛奶温度变化的快慢。

通过假设冷藏盒中的空气为同一温度，并且牛奶的温度也为均一值，我可以简化这个问题。采用这种方式我可以将热流作为一维流动，并且可以将所有牛奶与外部空气之间的热阻进行相加。我认为这是可行的，因为我仅仅想知道一个大致的时间，一个为了多睡一会的时间。我估计牛奶瓶和外部空气之间的热阻大约为16℃/W（本节最后注明了我是如何计算这个值的）。

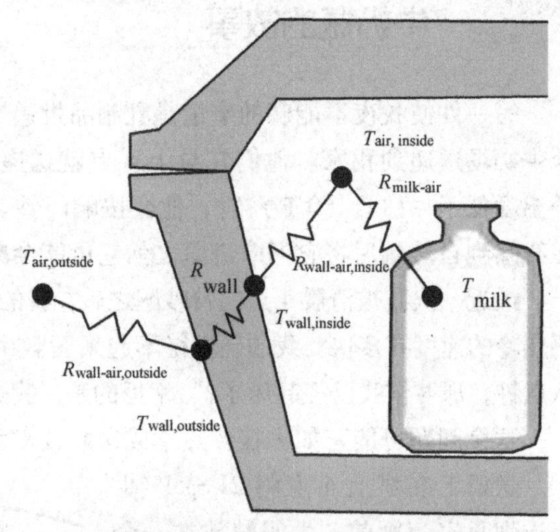

图6-2 冷藏盒中牛奶热量的传递

现在我可以写出一个方程，它代表了牛奶通过与外部空气热交换的能量损失等于牛奶内存储热量的改变。

$$\Delta T_{milk}/\Delta time = (T_{air,outside} - T_{milk})/(R_{total} \times m \times C) \qquad (6\text{-}1)$$

式中，m是牛奶的质量；C是牛奶的热容（大约和水一样，4000J/(kg·℃)）。

方程左边是牛奶温度变化速率，其单位是℃/s。方程的右边是取决于牛奶和室外温差的变化率。牛奶起初冷却得很快，因为此时牛奶与环境的温差很大，但之后由于牛奶温度越来越接近室外空气温度，所以温度下降越来越慢。牛奶温度下降最快的时间发生在最初阶段，也就是牛奶工将牛奶瓶放在冷藏盒中的时刻，因为此时牛奶和空气的温差最大。

我估计牛奶和室外空气之间的热阻（R_{total}）为16℃/W。如果你将牛奶质量（m=1.9kg），牛奶热容（C=4000J/(kg·℃)），室外空气温度-29℃和牛奶最初温度5℃等数据代入式（6-1），你可以计算得到温度变化率为0.00027℃/s，或者是1℃/h。这就告诉我在牛奶从5℃下降至0℃，或者说牛奶开始冰冻之前至少有5h。这是一种我非常喜欢的热计算，因为它意味着我可以睡到早上9点。

更加精确地考虑，因为牛奶冰冻涉及的潜热，我能多睡多少。如果你发现牛奶冰冻所需要的热量损失要大于牛奶温度下降5℃所需的热量损失时，请不要惊讶。

最近当Herbie的同事Andre打电话向我寻求一些建议时，这类分析就有用处了。他致力于FoneCable的研究，这是一个平装书大小布置在你家室外的盒子。它结合了电视和电话信号，所以你可以通过房间内的任何电话来收听你喜爱的电视节目。

Andre 发现在应力测试期间 FoneCable 电路板对非常快速的温度变化很敏感。

Andre 解释说："它在你所期望的任何温度下都可以完美地工作，但如果你改变温度很快，譬如将它们放在恒温箱中，奇妙的事情就会开始发生，例如它自动停止工作，或者将你的电话交流内容在邻居家的电视中直播。我所要知道的是当电路板被安装在室外盒子中时，电路板的温度变化有多快。天气是否真的变化很快？如果是，那么这个盒子有没有起保护作用?"

这个 FoneCable 问题与我的牛奶盒问题是惊人的相似，除了一个主要的差异：电路板自身会产生热功耗（P_{board}）。这对于牛奶盒问题就增加了一项：

$$\Delta T_{milk}/\Delta time = (T_{air,outside} - T_{board})/(R_{total}mC) + P_{board}/mC \qquad (6\text{-}2)$$

电路板所产生的热量大约为 5W。因为在稳态情况下电路板比室外空气温度高大约 20℃。我估计了一个电路板与室外空气的热阻（R_{total} = 4.0℃/W），电路板质量（m = 0.17kg）和它的热容（C = 1400J/(kg·℃)）。

根据 Frank Bair 的《The Weather Almanac》，一个记录的最明显温度变化发生于 1943 年 1 月 22 日南达科达州科普斯皮尔菲什（美国中北部城市），在那时 2min 内温度从 -1℉上升到 45℉。那是个非常完美的最恶劣条件。

让我们来研究一下这种条件下电路板温度的变化率。室外空气温度起初为 -20℃（-4℉），并且 FoneCable 板比空气温度高 20℃，或者说是 0℃。突然间室外气温猛升到 7℃，此时电路板发生了什么？在方程式中代入这些值，你得到最初的电路板温度变化率为 1.7℃/min 或 102℃/h。

牛奶盒分析的结论是只要 Andre 的电路板能承受的温度变化率为 2℃/min，它应该没有问题。这个值大约是我牛奶冷却速度的 10 倍。它的变化率很高的原因主要是由于电路板的质量轻和热容小。如果 Andre 遇到麻烦，他可以通过在盒子中注入像牛奶类似的东西来增加它的热容，或者它能够挂在室外，以便于当它受到大风吹时，可以按响门铃告诉客户将 FoneCable 带到室内。

热阻估计

对于这些想知道我是从哪里获得牛奶和室外空气之间热阻值的人，在这里我会给出一些数学计算。如果你发现任何似乎太盲目的猜测，记住这是我早上 4 点在大脑中进行的这些计算。

1. 牛奶瓶和冷藏盒中空气的热阻（$R_{milk\text{-}air}$）

我忽略了牛奶瓶壁的热阻，假设热阻存在于牛奶瓶壁和冷藏盒之间。表面和环境空气之间的热阻为

$$R=1/(hA) \tag{6-3}$$

式中，A是牛奶瓶表面积。在封闭的冷藏盒中是自然对流换热。空气无法自由地进行流动，温差也较小。我并不是从一些书本中的经验公式来计算一个h值，我仅仅假设这个值是处于自然对流交换系数的下限，大约为1W/(m^2·℃)。

我脑海中计算得到的一个牛奶瓶的表面积大约为0.075m^2，这就可以得到牛奶和冷藏盒中空气的热阻值大约为13℃/W。

2. 冷藏盒中空气与冷藏盒壁面的热阻（$R_{wall-air,inside}$）

我使用相同的公式和h值，但冷藏盒的表面积要大些，大约为0.5m^2。这就可以得到$R_{milk-air,inside}$大约为2.0℃/W。

3. 冷藏盒壁面的热阻（R_{wall}）

这是一种绝热材料的导热热阻。$R=t/(KA)$。其中，t是冷藏盒壁面的厚度（大约0.025m），A是截面积（大约是0.5m^2），K是绝热材料的热导率。我假设它是非常好的绝热材料，$K=0.05$W/(m·℃)。所以R_{wall}大约为1.0℃/W。

4. 冷藏盒壁面与周围空气的热阻（$R_{wall-air,outside}$）

因为有风吹，并且两者之间的温差有点大，我假设h值大约为15W/(m^2·℃)。由于$h=15$并且$A=0.5$，所以$R_{wall-air,outside}=0.13$℃/W。

当你将所有这些热阻加在一起，牛奶和室外空气之间的总热阻大约为16℃/W。

注意我估计热阻是一件非常有趣的事情（如果它们是对的）。冷藏盒壁面热阻仅仅占到牛奶与室外空气之间总热阻的6%。绝大部分的热阻是由于冷藏盒中很低的自然对流换热系数。这个盒子可以采用铝来制作，这对于牛奶温度不会有太大的影响。

6.2 规格、谎言和繁文缛节

Leon 建议 Herbie 和我搭乘他的车，并且让市场和销售的小伙子们分别驾车去餐馆，遇到第一个红绿灯时，那些奔驰车直行了，里面的伙计全都穿着西装。而 Leon 猛踩他雪佛兰羚羊的油门，并且向右转。

Leon 问："你们两个想到哪里吃饭？除了这群家伙去的地方之外的任何地方。我自己来买单，在这附近吃一些汉堡和啤酒？"

在灯笼餐厅中，我们盘坐在一张放着辣椒、芝士汉堡和一大罐啤酒的小桌旁，Herbie 问："你为什么不愿意与其他来自 SpendTel 公司的伙计在一起？"

他回答说："喝完你的啤酒，我就告诉你。"Leon 是一名 SpendTel 公司产品布置图工程师。SpendTel 公司的网络产品规划人员购买了许多来自几十个供应商的大量通信设备。Leon 的工作是计算出如何在同一大楼内安装所有的这些设备，并且将它们布置在一起。他和 SpendTel 公司其他一个排的人被邀请去 Teleleap 公司听一个关于我们最新产品的报告。

Leon 和我与 Herbie 一样，在 Teleleap 公司产品演示中心显得很不适宜。我修补的毛衣，Herbie 的牛仔裤和 Leon 的高尔夫衬衫在穿着光鲜西装的人群中非常引人注目。有人已经要求 Herbie 和我出现在全天的会议，现在我认为 Leon 也已经被这样要求。

他开始说："我想跟你们俩单独谈的原因是，我想了解关于 UH-HUH-238 的真实情况。"

Herbie 变得有些戒心地说："有什么不正常吗？我认为关于那个设备的用户说明是非常易于理解的。"他以这个产品感到非常自豪。UH-HUH 238 可以让电话公司为它们的用户提供一个有价值的新服务。当有一个电话销售员打来电话时，你可以按#238 将电话顺畅地切换到 UH-HUH238，而不是直接挂断电话。通过将电话销售员接通到一个说"嗯嗯…是的…我明白…嗯嗯…"的数字语音循环，它可以使电话销售员至少忙上 30min。当它干着脏活累活时，你可以从容地吃晚餐。

Leon 说："这个 238 的说明书非常简单。但问题就是它们太简单了。这里说明中所说的：'当使用风扇冷却 U-238 时，最大的入口空气温度是 50℃，并且最小的空气流量是 100cfm。'那太好了。但我需要将这个设备与 Telesell 590 放到同一个机柜中。Telesell 590 是一个一遍又一遍打电话给你，尝试卖给你塑料地板的语音计算机。"

我问："它们两个为什么不相互抵消？"

Leon 说："是的，至少有两个重要的原因。一个是我们通过这两种服务都能赚钱，另一个是关于散热问题。Telesell 590 的说明书中说它需要 300cfm 50℃的空气冷却。所以我设计了一些能提供 300cfm 或更多流量的风扇，之后我想将你们的设备放在它的上方。但问题是 Telesell 590 的出口空气温度将超过 50℃。"

Herbie 说："但你不能那么做，进入我们设备的空气温度不能超过 50℃。有什么很难理解的吗？"

Leon 说："难理解的地方是你正在说谎。你们设备的空气入口温度不是一定要被限制在 50℃。"

Herbie 的脸开始变红。"我们没有说谎！这个值中可能有一定的冗余，但它是基于实际的测试数值！"

Leon 平静地说："你同样在说谎。"

Herbie 开始有点气急败坏了。所以我说："是的，Herbie，我们在产品说明书中说了谎。"

Leon 再次给我的啤酒杯倒满并且说："在这里的我们都是工程师。我们可以谈论一些实际情况。你我都知道你们能协调空气入口温度和流量。如果 U-238 在 100cfm 50℃入口空气条件下时工作良好，那么当空气流量为 300cfm 时，空气的入口温度应该可以上升到类似 60℃也能保证 U-238 正常工作。我所需要的是你们告诉我两者之间的协调，以便于我正确地设计我的机柜。"

Herbie 说："我并不明白，50℃就是 50℃。我们确定 U-238 在 50℃下正常工作。U-238 的空气流量是没有影响的。它就像元器件的额定值，它们的额定正常工作温度从 0℃到 70℃。在它们的产品说明书中不会注明关于空气流动速度的任何信息。"

我耸了耸肩说："但元器件供应商也在说谎。它就像当你害怕雷电时你父母的流言一样——当时他们说雷电仅仅是上帝在天堂中打保龄球。因为它实在是太复杂或许他们自己也不是非常了解，所以他们不相信你会明白真实的解释。但 Leon 是对的。你可以在入口空气温度和空气流量之间协调。但将那些信息放在产品说明书中是复杂的，我们不认为我们的客户能很好地理解它，所以我们将它进行简化，并且希望它仍然有用。"

Herbie 问："那么我们在产品说明书中应该注明哪些信息？我认为你自己应该想出一些数据。"

我开始在餐垫上画一些草图（见图 6-3）。我说："这是我不得不说的事情。UH- HUH 238 内部有大量的元器件，但从一个散热角度出发，你仅仅需要考虑电源模块。它是设备内部最热的部分，而且它的正常工作温度限制最低。如果电源模块没有问题，则 U-238 的其他元器件没有问题。"

"现在，根据 Goodly Power Brick 公司的数据，这个电源正常的工作温度上限是 70℃。在我与他们的一个可靠性工程师讨论之后，我们曾在同一个大学上学，并且听同一个教授讲课，他向我承认电源模块的真正温度限制是 85℃，85℃是指电源模块采用的散热器温度。所以，我们的目标是确保电源模块散热器温度维持在 85℃以下。"

"我们将这个设备作为独立产品出售，所以我们不会为它提供冷却系统。像你 Leon 一样的客户在机柜内将其与其他各种设备混合在一起。一些用户选择使用自然对流，另外一些选择集中风扇冷却。使用风扇的话，你如何来确定元器件温度？从这个方程：

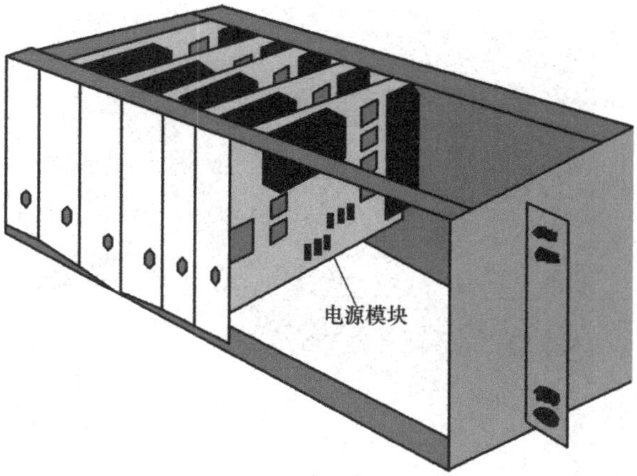

图 6-3　UH-HUH 238

$$T_{brick} = T_{inlet\ air} + 热功耗/几何模型因子/空气流速 \quad (6\text{-}4)$$

可以确定。电源模块温度取决于四个因素，首先是入口空气温度。很明显，空气入口温度越高，电源模块的温度也越高。之后是电源模块发出的热功耗。电源热功耗越多，则模块的温度越高。这个热功耗值是固定的，因为 U-238 正常工作时，它产生的热功耗为常数。几何模型因子是基于电路板几何结构的固定值，例如电路板上电源模块的表面积和位置，空气流动阻碍等。除非你重新设计电路板，否则这些值也不会发生变化。之后就是空气流动速度。空气流动越快，电源模块的温度也越低。但不够详尽。即便空气流动速度变得无限快，就如同自动洗车处热风烘箱对你的汽车吹风，方程中的最后一项变得越来越小直至几乎为零，但它不可能变为负数，所以你可以得到的最低电源模块温度是和入口空气温度一样的。”

“其中的技巧是计算几何模型因子，我通过测试来获取，我测量了 T_{brick} 和 $T_{inlet\ air}$ 空气流速和模块热功耗。因为风扇供应商在风扇说明书中对风扇特性曲线进行了处理，所以空气流速获取也有难度。但在我用一块 Michael Jordan（美国著名篮球运动员）嚼过并吐出的口香糖贿赂它们的应用工程师之后，他给我了真实的压力和流量曲线来修正我的测试结果。利用我的测试数据，我计算了一个几何模型因子，并且用它计算了一幅类似于图 6-4 的，设备允许空气流量和入口空气温度的图形。”

“图形中的折线告诉我们空气流量和对应的空气温度的组合，使电源模块的温度等于 85℃。任何在折线上方的空气流量与温度的组合（图中阴影区域）都是安全的，因为电源模块的温度低于 85℃。任何在折线下方的空气流量与温度

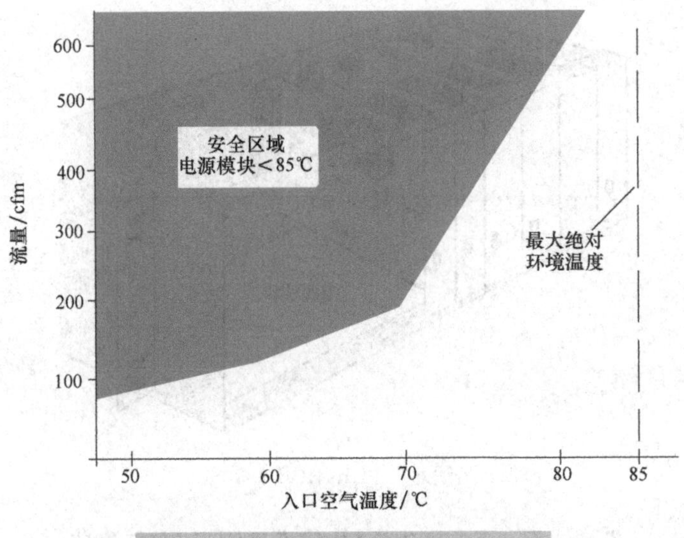

图 6-4　空气流量和入口空气温度曲线

的组合都会引起电源模块太热。”

Herbie 说：“那为什么这张图不在我们给客户的产品说明书中？甚至我都可以很好地理解它。”

我说：“是一种妥协，我曾将这张图给予市场部的 Armand，但他大笑不止。他说客户需要一个单一的规格数据，像最大空气温度。我们争辩，并且最终达成妥协。Armand 让我提供两个数值——一个最大空气温度和一个最小空气流量，所以我们从图形中挑选了 50℃ 和 80cfm 两个值，之后我又对流量值增加了 25% 的安全系数，所以你得到了 50℃ 和 100cfm 的规格值。”

Leon 开始朝他那边抽餐垫，并且问：“我可以保留它吗？”

我说：“你应该购买它，对我而言，如果你买单的话，你值得拥有整张图形。”

6.3　对散热器不现实的期望可能导致失望

Herbie 抱怨说：“为什么散热器的性能永远与你所期望的不一样？”

我说：“取决你期望什么，我的洗发水宣称可以使我的头发看起来非常浓郁，但看一下它的实际效果。”

他说：“我的期望就是这样。你告诉过我散热器的工作原理是增加元器件的散热表面。我测量得到光电互感器的芯片温度为 100℃。之后我对它增加了一个封装两倍表面积的散热器。所以我希望芯片温度减半，对吗?”

我避开问题不做正面回答：“不完全如此。”

他继续：“不完全如此是对的，这个芯片的温度仅仅下降了大约 5℃。我是……”

“失望吗?”

“太让人气愤了”，Herbie 焦躁地说：“难道不再有东西会按照它应有的方式去工作了么？铝也不像过去那样给力了。”

我说：“不，现在的散热器比过去更好！如今的电子设备产生低品质的热量——不可靠，并且很难去预测温度，你可能说它是一种随意的热量。但严格来说，散热器的性能和你期望的不一样有很多原因。”

我们耗费了下午剩下的时间去罗列这些原因，我们甚至错过了两点半的咖啡时间。

散热器仅仅对温升有帮助。通过对一个元器件贴附散热器增加表面积仅仅影响元器件对空气温度的温升，而不是温度的绝对值。当 Herbie 将芯片的表面积翻倍时，他希望 100℃ 的芯片温度下降到 50℃。但房间内的温度是 25℃，所以芯片基于空气的温升为 75℃。通过将散热面积翻倍，最佳情况下他可以将芯片温升降至 38℃，则芯片的绝对温度为 63℃。这就可以解释一些问题。但等等，还有其他!

好事过头反成坏事。当散热器上的翅片太多之后也会有这样一个问题。一旦你决定了一个散热器的可用体积，只有通过增加翅片数量这一种方式来增加散热面积。你增加的表面积越多，你降低的温度越多，直到某个值。在那之后，更多的翅片会开始阻碍空气流动，并且空气开始旁通散热器而不是通过它。此时芯片温度开始上升，对于任何空气流速、热功耗和散热体积的组合都有一个最优的翅片数目。如果你尝试通过增加翅片来进一步降低芯片温度，那可能会使事情更糟。在翅片数目为最优值时，如果再将散热表面积翻倍实际上将会使芯片温度上升，而不是下降（见图 6-5）。

对于约 1W 散热量和边长 1in 的自然对流散热器，最优的翅片间距大约为 1/4in（6mm）（小指规则——如果你能将你的小指插入翅片间，则散热器将以自然对流进行散热）。

差的贴合。散热器必须与元器件有很好地热接触，这样才能良好地工作，仅仅将散热器压到元器件顶部外壳上可能在它们之间形成一层微小的空气层，但空气是热的不良导体。像胶带、可压橡胶垫或肮脏的导热硅脂等导热界面材料可以极大地改善元器件的散热。我扯开散热性能差，且用胶带贴附的散热器，发现只有不到10%的表面有粘合剂。这就意味着90%的连接之间有一层热空气。胶带对于某些元器件不是一个很好的选择，可能是因为元器件顶面不够平滑，所有缝隙无法由胶带完全填充。

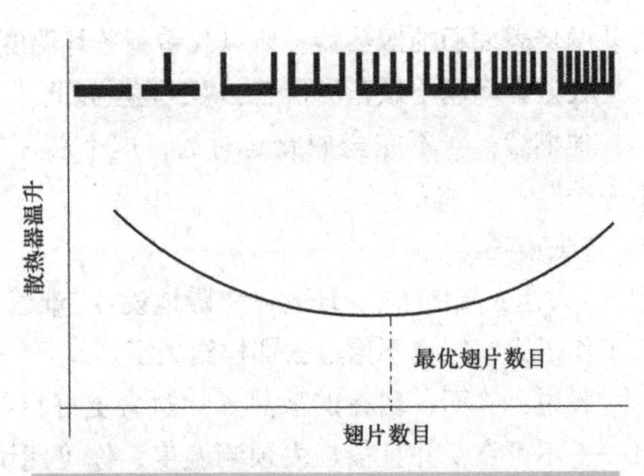

图6-5　太多散热器翅片可能和太少翅片一样差

没有空气流动。因为元器件在你设备的出口处，且具有很少的空气流动，你的元器件可能会很热。如果空气不流动，增加一个散热器不会对元器件散热有帮助。考虑一下开一些通风孔吧。

局部空气温度比你想象得要高。这是前面所罗列的与温升相关的第一条原因的扩展。散热器只能改善元器件和空气之间的温差。如果Herbie的芯片周围空气温度是90℃，则他的芯片没有很多降低温度的机会，因为空气温度已经超过了其他许多热元器件的温度。

供应商的数据可能是“优化的”。有些时候一个散热器产品目录会给出一个单一$R_{s\text{-}a}$值，或者散热器和空气之间的热阻。有个别精美的产品目录中承认任何散热器实际的热阻值取决于你的应用环境。生产商在风洞中测试它们。你的电路板是否在风洞中使用？如果是，那么就不要相信它们的$R_{s\text{-}a}$。如果你是一个散热器供应商，你是否会提供散热器最优值或最差值？

改善一个没有影响的散热路径。这是最常见的问题，也是最难理解的。因为这个问题不仅仅取决于你想要冷却的元器件和所选的散热器，而且也取决于你的电路板的结构和电路板上的每一个元器件，所以元器件温度很难量化和预测。

人们往往会认为元器件发出的所有热量直接进入到空气中。实际上，很大一部分热量通过元器件引脚进入到电路板中，之后从电路板两个面进入到空气中（见图6-6）。

我们可以将所有元器件散热路径转化为两条路径，并且绘制成一个热阻网络，以便于更好地理解。

元器件的一部分热量通过电路板的热阻进入到空气，另外一部分通过元器件外壳和空气之间的热阻。热量的分配取决于热量通过散热路径的热阻比。热阻越小，通过的热量越多（见图6-7）。

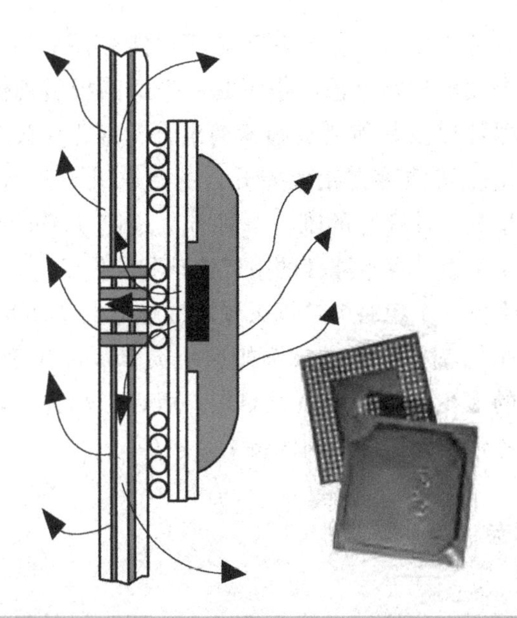

图 6-6　BGA 封装的热量通过多条路径后进入空气

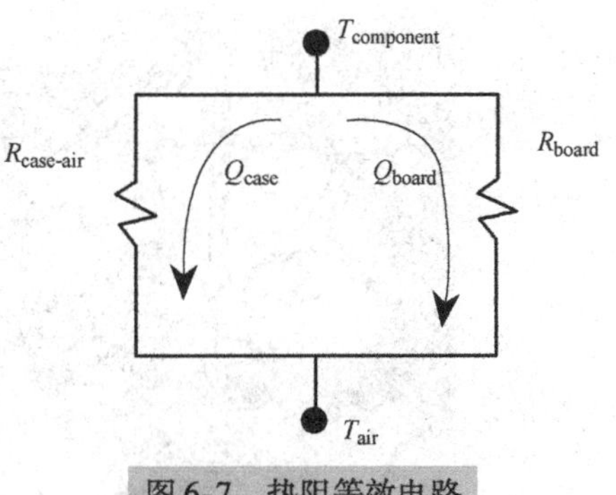

图 6-7　热阻等效电路

如果电路板热阻和元器件外壳到空气的热阻几乎相等，会发生什么情况？一半的热量进入到电路板，另一半热量进入到元器件外壳顶部。当 Herbie 为元器件增加散热器，使元器件散热表面翻倍时，会发生什么情况？

散热表面积翻倍，将元器件外壳和空气之间的热阻减半，但它不会改变任何电路板的热阻。芯片的温度取决于总热阻，而不仅是外壳和空气的热阻。增加散热器之后，总热阻会发生什么变化？

还记得如何计算并联的热阻吗？

$$R_{total} = 1/(1/R_{board} + 1/R_{case\text{-}air}) \tag{6-5}$$

$R_{case\text{-}air}$减少 50%，R_{total}仅仅减少了 33%。

如果 R_{board} 远小于 $R_{case\text{-}air}$ 的话，情况可能会很糟。让我们假设 R_{board} 大约是 $R_{case\text{-}air}$ 的 1/10，之后你在元器件外壳上增加了一个散热器使 $R_{case\text{-}air}$ 减半。R_{total} 仅仅下降了 8%，这就意味着芯片温升下降了 8%。你从一开始就改善了一条没有多少热流的散热器路径。

这种情况的理解并不困难。但它几乎是不可能去预测的。因为没有人知道 R_{board} 值。它不是一个元器件特性值，也不是一个电路板特性值。它是空气流动和电路板上其他元器件以及其他所有因素的组合。将芯片放在同一块电路板上的五个不同位置，R_{board} 可能存在很大差异，主要取决于其周围的其他元器件。它是不可能进行测量的。计算它的唯一一种方法是使用 Therminator 一样的热仿真程序，Therminator 可以计算电路板的空气流动和导热状况。

那也就是为什么做一个粗略的计算去预测散热器的工作状况是非常困难的。即便你做的每一件事情都是正确的，例如这一次 Herbie 正确地做了每一件事，你也不知道元器件的多少热量进入到电路板，所以当你为元器件增加一个散热器时，你不能确切地判断元器件的温度将下降多少。

6.4 魔法棒

从前，有一只刺猬去拜访三只熊。熊妈妈性情非常暴躁。事实上，熊全家因为最近的金发姑娘入室抢劫案而不安。熊妈妈正在做早饭（见图 6-8）。

图 6-8　小熊一家

熊爸爸说："我的麦片粥太烫了。"

熊妈妈说："我的麦片粥太冷了。"

小熊狼吞虎咽地吃着它的麦片粥。刺猬盯着它的碗。

熊爸爸说："我们不能再出去走走了，记得上次发生的事吗？"

熊妈妈叹了口气说："是的，狡猾的保险公司至今还没有付清我的保险索赔。”

刺猬问：“这种情况经常发生吗?”

小熊轻声地说：“每个早上都会发生!”

熊爸爸说：“是的，这经常导致浪费了全家 2/3 的麦片粥预算。”他看着熊妈妈，她用围裙遮着脸，啜泣着。

她说：“这不是我的错，我煮麦片粥一直都遵从传统的三只熊烹饪法，无论我做什么，熊爸爸的麦片粥总是比我的热，并且他们两个这种情况都会持续一段时间，假设粘稠的麦片粥和淘米碗具有很高的热容。”

刺猬说：“不要烦恼，我有个亲戚叫豪猪，他是一个平易近人的奇才，他给我演示了如何制作一根魔法棒，这个魔法棒也许能帮点忙。”

熊爸爸咆哮着说：“在小孩面前你的奇特魔法棒不允许有烟。”

刺猬露出牙齿笑着说：“不是那种魔法棒。是一根热管！一点铜、少量的水和一些咒语，热量会从熊爸爸的麦片粥中进入到熊妈妈的麦片粥中。”

熊爸爸轻蔑地笑了笑，然后回去读他的《Medieval Times》。熊妈妈开始洗刷麦片粥的碗。只有小熊跟着刺猬来到一个茂盛栗子树下的乡村锻造炉旁。

刺猬使用了一种在很多格林童话中 15 世纪才有的技术，他用铜片制作了一根管子。他在管子两端之间的内部加工了很多细槽。之后他使用铜焊将管子一端封闭。刺猬使了个眼色说：“现在对于魔法棒而言，它的主体基本制作已经完成。”他将一个芦苇在淬火桶中浸了一下，并且让一些像透明水晶一样的液体从管子的另一端注入。

小熊尖叫说：“那就是水!”

刺猬笑了。他说：“水难道不神奇吗？某一天它是一个湖，另一天它是一朵云，现在当我将管子密封时，不得不将绝大多数的空气抽出来。其中最复杂的部分是不要灼伤你的嘴唇!”

使用小鹦鹉的专用制造工艺，刺猬将管子封闭，并且使管子内部形成部分真空和少许的水。

小熊用手紧紧地抓住这个管子说：“这到底有什么魔法？你在什么地方放电池?”

刺猬回答说：“没有电池，它根本就不需要任何电源。来自麦片粥的热量会使它工作。”

当他们俩回到三只熊的家中，早餐的麦片粥已经在堆肥堆中，熊妈妈正在端上午餐的麦片粥。

刺猬宣布说：“现在是见证奇迹的时刻！熊爸爸，你的麦片粥呢?”

“太热。”

“熊妈妈，你的麦片粥？”

“太冷。”

刺猬将两碗麦片粥放在一起，将铜管弯成U形，之后将两端分别插到麦片粥中（见图6-9）。在几分钟内，热的麦片粥冷了下来，冷的麦片粥热了起来，这是自从纪念安徒生意大利面晚餐以来第一次熊爸爸和熊妈妈一起享受晚餐。

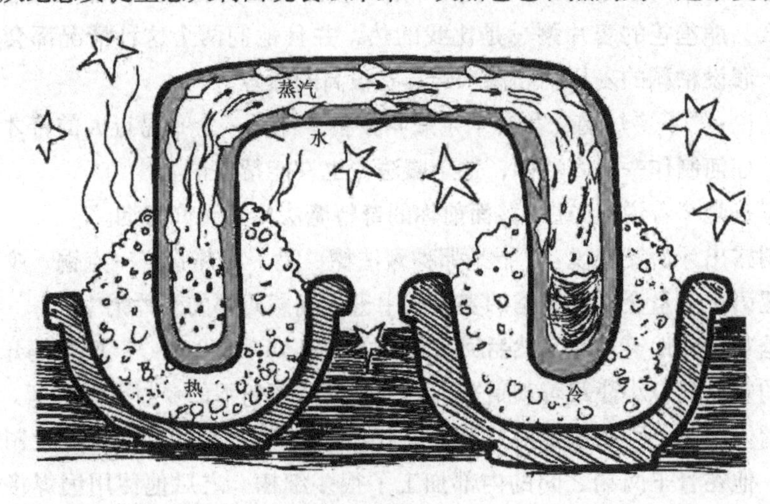

图6-9　魔法热管

小熊说，“这就是魔法！”

熊爸爸说：“不，不，铜是热的良导体。这个聪明的壮举就是靠铜完成的。”

刺猬解释说：“这个魔法棒的导热能力是空铜管的好多倍。甚至是一根同等体积实心铜棒的好多倍。这个管子有三种特别诀窍使它像魔法一样工作：

- 一些水
- 部分真空
- 管子内部沟槽

因为管子内的压力很低，所以水的沸点很低。当我将热管的一端放在热的麦片粥中，液体的水开始变成蒸汽。蒸汽在管子内流动，寻找一处没有蒸汽的地方，例如在冷麦片粥中的冷端。在这里蒸汽开始变化水滴。它们被收集到管壁的沟槽中，并且通过毛细管作用力沿着管壁流动，寻找一处没有水的地方，例如管子热端。之后水滴再次变成蒸汽，并且这一循环一直进行到管子两端没有温度差为止！在低温差的情况下，水通过相变可以比通过铜导热传递更多的热量。”

熊妈妈说：“相变？”

熊爸爸说：“毛细管作用力？”

小熊说：“刺猬你是对的。对我们来说它是魔法棒。”

熊妈妈疑惑地闻了闻这根魔法棒：“这根魔法棒是否可以用在其他场合，譬如说使两碗汤，甚至是使两碗糖煮水果的温度一样？”

刺猬摸了摸他的下巴说：“我认为它能用于将任何高温处的热量传递到任何低温处。小鹦鹉说它甚至可以沿重力反方向运动。他曾经杜撰了一个寓言，这个寓言讲的是在另一个王国他是如何使用一根魔法棒去连接一个热的处理器芯片和笔记本键盘下面的散热片的。”

熊爸爸说：“嘿哈，奇才啊！为什么他不直接将处理器贴到散热片上？”

刺猬说：“为什么你和熊妈妈没有将你们的麦片粥混合在一个碗里？最简单的热解决方案并不总是享受麦片粥的最好方法。魔法棒可以让设计师有更多的自由去放置处理器。可能是出于电子或制造的原因，甚至还可以将热量传递到笔记本用户的手指处。”

熊爸爸点头并且轻轻地拍着他的胃。熊妈妈宣布说：“特别出色的魔法棒！刺猬，你必须和我们待一个星期。顺便问一下，你是如何安装家具的？”

6.5　当 6% 等于 44%

我喜欢电源模块。

好吧，其实也谈不上喜欢。在所有的元器件中，我只是恨电源模块最少（见图 6-10）。

从一个散热工程师的角度出发，其中一些原因如下：

图 6-10　电源模块

- 我能明白一个电源模块所做的工作：48V 的电压输入，3.3V 的电压输出。我了解在电路板上发生的情况。至少它比名为时钟和数据恢复芯片的元器件更易于理解。似乎对于我而言，每天晚上当他们下班回家时，将时钟和数据放置在同一个地方，比如说放在电冰箱旁边的厨房台面上，那么他们就不会反复地丢失它们，更不需要这些时钟和数据恢复芯片去恢复它们。

• 我可以自己计算电源模块的热功耗。你测量输入电流和电压以及输出电流和电压。电流×电压=功率。输入功率和输出功率的差是电源模块产生的热量。或者你可以从元器件规格书中的效率和输入功率来得到热功耗：效率=功率输出/功率输入。这很容易。

• 电源模块的温度限制确实有其实际的意义。它通常会说："工作限制：基板温度为100℃。"当电源模块为电路板供电时，这是我可以测量的温度，并且我可以判断其是否正常工作。与常见的SDRAM芯片工作温度限制"最大工作温度70℃环境温度"相比。我去哪里测量环境温度？没有人能告诉我。

• 最后一个原因是有关于审美观，本质上是道德或精神上的。它可能类似于这种感觉：你耗费了几个小时准备美食——你感到自豪，因为至少这一次你完美地将佐料混合在了一起。然后你为你的家庭成员端上这个拼盘，他们在上面浇了一些番茄酱和盐之后，一边看着电视上的《The Simpsons》（美国电视动画片），一边狼吞虎咽、大快朵颐。机械工程师对于高效率是好的以及低效率是差的这一概念根深蒂固。我们被告知去设计热功耗降至绝对最小值的产品（似乎我听到了Chu教授的吟诵，"Kordyban先生，你是否认为焓适合在树上产生！"）。给我们的客户提供最小输入功率下最大输出功率是我的使命。当我在福特引擎研发中心作为一名大学合作学生时，我得知通常的汽车发动机仅仅能将汽油量中25%转换成有用的汽车主动轮功率，其余的能量将被用于加热大气。直到我进入电子世界之后，我认为这才是非常可怕的。这里一个微处理器消耗了100W的有用电功率，并且其中大约99.99%转换成了热量。行，当然它很有可能做了一些非常有意义的事情，例如为你的预算建立电子表格或更新你最新的射击游戏显示效果。但当它的输出功率除以输入功率，它的效率几乎接近零。简而言之，电源模块吸引我的是它的高效率。

一个好的电源模块（或者说DC/DC转换器，有时它们会被这么称呼）可以达到95%的效率，一个普通的电源模块也可以达到75%的效率，但即便差的电源模块效率与激光发射机相比也是好过很多。一个激光发射机获取1W的电功率，并且发出不足10mW的激光，它只有大约1%的效率。你不会用那种发射方式来击穿固体中子态。

肯定存在一种人性的本能，那会使得我们认为我们喜欢的事物是理所当然的。这也可能是为什么我最近被电源模块热特性欺骗的原因。

Jim在我的咖啡杯上留了一张黄色的留言条。他过去常将它们粘在我的计算机屏幕上，但他发现当粘在咖啡杯上会得到更快的响应。留言条简单地说，"我找到了另一个电源模块。"

这就意味着我被要求去他的实验室，并且基于新电源模块样品再做一次热测试。这大概是一年之前开始的事情，当时我给他的 PSC 板做了一次热测试。他当时正尝试大幅减少用于网络数据转换的 HBU 成本。结果表明网络数据中心的平均智力水平可以由一个比人脑更小的大脑处理，所以 Jim 正在使用了一个鸽子的大脑。总之，我发现的唯一的热问题就是 PSC 上的电源模块，它在最恶劣条件下的温度为 98℃。

我告诉他："这个温度限制是 100℃，所以从技术角度来说没有问题。但你的余量非常小，如果你的功率在将来有所上升，你的电源模块将超出它的正常工作限制范围。所以我认为你的 PSC 不符合要求，但我希望你之后可以做一些工作使它的温度下降。"

Jim 没有说什么，只是点了点头，并且回到他的研究中。但好几个星期之后，他找到了一个电源模块供应商，并且得到了一个样品，同时要求我对它进行测试。又是几个星期之后我得到了相同的结果："测试温度低于限制温度 2 ~4℃"。

所以这次我带着我的热电偶去他的实验室时并不抱有太大的期望。"这个新的电源模块有什么特别之处值得进行测试？"我问，同时一把推开过去的电源模块样品来为我的仪器腾出空间。

Jim 默默地拿出一张数据表。他用红笔在效率处圈了一个圈："90%"。我心不在焉地说，"有啥了不起，你的第一个电源模块的效率为 84%。我不认为一个 6% 的效率提升会对电源模块的温度造成很大的影响。就如同我在高中的时候 B - 和 B 的差异。"

Jim 耸了耸肩，并且给了我装有 PSC 板的防静电包装袋。我叹了口气，并且开始粘贴我的温度探头。

一个小时之后我缺乏热情的心情开始变得沮丧，我说："Jim，你给我的那个 PSC 肯定是坏的。这个电源模块温度很低！"

他对我的愤怒非常不解，并且进行了一个检查。所有的指示灯都是绿色。他为我测量了输入功率。它很低，但不是非常低，这块电路板正在正常的频率下工作。作为最后的检查，我将手放在电路板上。这些神经收发器摸起来热度都是适中的。

我说："但这是不对的，这个电源模块温度仅仅为 77℃。在效率方面微小的变化不可能使它的温度下降超过 20℃！"

Jim 将他的头转向另一面，似乎在说："那它应该怎样？"这使我在纸上做了一些计算，而不是在头脑中。

首先，我需要考虑环境之上的温度，而不是电源模块的温度。我在相同的50℃环温下进行了所有的测试，因为这是系统的最恶劣环境温度。之后我做了一些计算来获得电源模块内部产生的热量发生了多少变化（见表6-1）。

表6-1　电源模块的参数

电源模块效率	效率（%）	输入功率/W	输出功率/W	热功耗/W	百分比变化
旧	84	29.5	24.8	4.7	—
新	90	27.5	24.8	2.7	43%

所以即使电源模块效率仅仅增加了6%，产生的热功耗下降了43%。温升的比较是什么情况？参见表6-2。

表6-2　电源模块温升的变化

电 源 模 块	T_{case}/℃	ΔT/℃	百分比变化
旧	98	48	—
新	77	27	44

一切都清楚了。在看了两个表之后，一切都很容易理解了。在总效率方面的一些小的改变，会引起的热功耗有很大的差异，因为产生的热量与最初相比要小很多。

我将这个表给Jim看。我说："你不断地寻找最终发现了一个管用的电源模块。在这个例子中6%效率提升给了我们在正常工作温度限制下十倍冗余量的增加。"

这些数字游戏给我上了生动的一课。我的数据是对的——效率是非常有用的。并且在一些例子中，即便在效率方面有一个微小的提升，可能会有一个远超出期望的回报。

当我回到办公桌并且发现我咖啡杯上又有一张留言条时，精神为之一振。这次简单地说："谢谢！"并且咖啡杯中倒满了新鲜的咖啡。

6.6　很疯狂，它只是有可能！

散热器和风扇。散热器和风扇。电子元器件的处理速度每18个月翻一倍，并且至少每年尺寸减小一半。似乎电子工程师随着技术的变革而充满活力，而我们热工程师和机构工程师在工作中总是采用传统的技术。散热器和风扇是所有我们所能提供的。好吧，CFD在1990年被引入。它让我们摆脱了"手算和计算器”的时代。但是，难道没有人在研究新的电子器件冷却技术吗？归根结底，如果他们不停地将元器件工作速度翻倍和减小元器件尺寸，不久之后散热器和风扇将不能满足要求。

大学和工业实验室正致力于研究一些新颖的电子冷却技术。这里是一些我参加一个关于电子冷却国际性会议所收集来的新概念。是否可以从中了解未来的散热行业？其中绝大多数这些发展中的技术永远都不会应用在真实的产品中。哪一个会在将来变得有用，只有时间才会说明一切。但这些会让你明白，为什么我们目前普遍会采用散热器和风扇。

勇敢的，革新的……但是不能令人信服。

以下的概念是非常新颖，并具有创造性的，以至于至今没有人将它们使用在真实的产品中。抑或存在一些其他的原因。

低熔点合金界面材料

使用越来越高功率元器件的挑战是元器件封装顶面和散热器底面的热阻。相变材料（熔化的蜡）和导热硅脂是热胶粘剂的改进，但如果你有一层熔点温度非常低的金属层，以至于它能在封装和散热器的接合面之间的空穴处流动，难道不是将它们焊在一起吗？这个想法至少在实验室中被实现。研究者发明了一种金属合金，它的熔点比处理器最大工作温度低几度。他们将这种合金制作成薄片，并且将它夹在处理器和散热器之间。从处理器散发的热量熔化了合金薄片，处理器和散热器的界面热阻变得很低。一段时间，在温度周期变化（由于每天开关计算机，这种情况有可能发生）情况下，封装和散热器膨胀和收缩，挤压界面材料并且使接合处熔化的金属喷到电路板上到处都是。这不仅仅导致热阻的回升，而且电路板上其余的部分也来不及对随机喷射出来的导电金属做很好地响应。

声制冷

从这个报告的题目中，我希望得到一个能将热能转换为声能的小发明，以至于元器件的热量变成布拉姆斯摇篮曲（德国作曲家布拉姆斯作品）。结果它是一个传统小到足以安装在电路板上的压缩式制冷机。我说的小是指它仅仅占用了主板 20% ~ 30% 的空间。传统的回转式压缩机被一个机电的谐振器所取代，它通过产生一个谐振器腔内的驻波来压缩制冷剂。它的主要优点是它小到足以被安装在电路板上，并且可以处理变化的热功耗。这个声制冷冷却器可以控制同一块电路板上四个处理器的温度，即使它们的总功耗随着时间的推移从 10 ~ 400W 变化。在他的演讲最后，这个演讲者承认这个声制冷冷却器还未在产品中应用，主要是因为存在一些像产生的“大”噪声和自激振动疲劳引起的可靠性问题等缺点。

热驱动冷却风扇

在一长篇对笔记本散热器优化的论文最后，演讲者暗示了一个在冷却系统中节省能量的概念。当产品以电池方式运行时，节省能量总是非常重要的，一个笔记本电脑的微处理器（在他研究中所采用的处理器）通常散发出25W的热量，并且对其进行散热的话需要一颗功率为0.3W的风扇。为什么不使用来自处理器的废热来产生风扇工作所需要的电功率，使用一个热电（TE）发电器？一个TE发电器有点类似一个热电制冷器，仅仅是反向工作循环。它是一个将热能转换成电能或者电能转换为温差的固态装置，即使具有差劲的2%或3%的效率，一个TE发电器也能将处理器25W的热量转换为足以维持风扇运行的电能（见图6-11）。这个概念是不值得怀疑的，但它的应用可能有一个暗藏的不利因素，即因为额外的TE发电器的热阻值，处理器可能会变得更热，这可能会伤害处理器的长期可靠性。

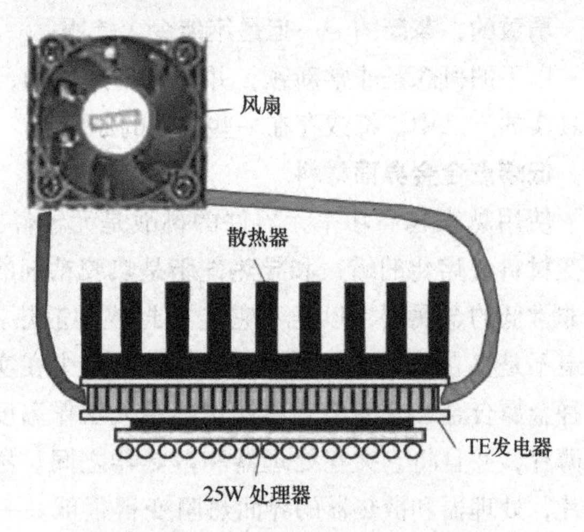

图6-11　将热能转换成电流的装置

对于延长一台笔记本电脑的电池工作时间，节省0.3W的电能可能是非常有意义的，但我没有看到很多非移动产品中应用这个技术。除非你采用来自TE发电器的电能来运行一个TE冷却器，然后……

通过机架的再循环空气流动——故意地

有时候当我分析一个风扇盒时，我会注明机架中有回流或圆形旋转流动的区域（参见2.3节），这通常是一件不好的事情。每一次当空气穿过产生热量的元器件，它会变得越来越热，并且空气的温度也会越来越高，相应的元器件温度也会越高。所以我努力去避免设计中出现空气再循环。但是有一个演讲者尝试驾驭再循环的能力，使其变得有用而不是有害的。

他的通信机架是一种中间平面分隔设计，具有插在前面的高功率线路卡和插在后部的低功率I/O卡（见图6-12）。机架总的热功耗并不大，但线路卡上有几个高功耗的元器件，它们需要高速空气进行冷却。如果风扇盒振鸣声不像满月时的狼人，那么它就无法满足系统内高速空气流动。但如果它将入口和出口风扇连接到一个封闭回路中，他可以获得更快的流速。当然，那就意味着当空气进行再循环流动时，它的温度将变得越来越高。他增加了挡板，所以冷空气可以被吸入到系统中，并且热空气可排至系统外。使用流动网络仿真软件，他可以平衡入口和出口的阻尼，以至于入口空气速度和他所需要的一样高，并且有足够的热空气排至系统外，以保证空气温度可接受。

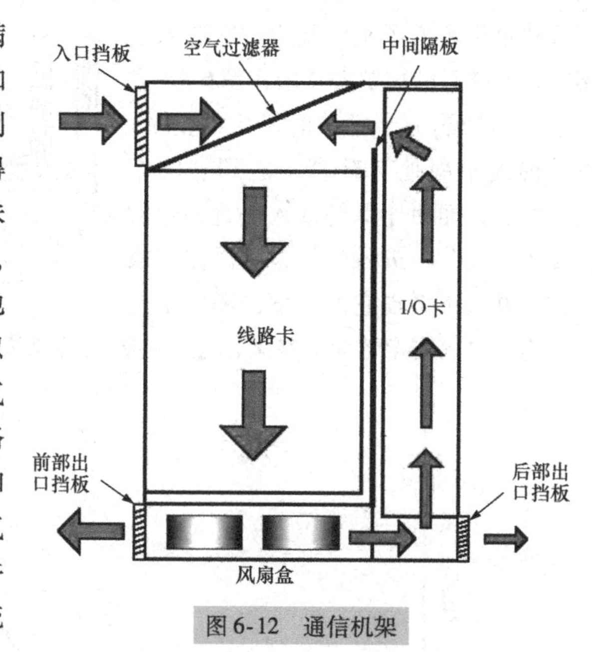

图 6-12　通信机架

这个报告是流动网络仿真软件的一个重要应用，演示了它如何被用于设计像这样的一个复杂冷却系统。不管这个概念是新颖的还是古怪的，反正我不是很明白。我的直觉告诉我它是一个非常不稳定的冷却系统。平衡入口和出口与风扇性能从而让再循环与新风混合，就如同让一支粉笔的顶端在桌上保持平衡。你可以找到有效的解决方案，但任何小的扰动都会推翻整件事情。在风扇失效期间，或者如果机架被部分使用或者过滤网被堵塞时会发生什么情况？这个平衡有多容易被打破，从而造成热失控？并且我能否使用不断增加的空气温度去驱动一个 TE 发电器来增加风扇的功率和……？

具有更多承诺的新散热技术

我对于下列报告的第一反应是，“嘿，是吗？”但不久之后我认为，“啊哈！”

故意熔化的散热器

来自本章第一部分的金属界面工程师想出了另一种使用低熔点金属的做法。

他们将一个散热器挖空并且填充进他们的原料（见图 6-13）。关于这一点你会说，“是吗？所以他们做了一个内部会部分熔化的散热器。它是如何比制作成本低很多的单一实体散热器更好地工作的？”

事实上在绝大部分的应用中，它不会有任何的优势。但它在处理一些特殊的应用时具有非常好的特性。与实体散热器不同，它可以在不升高温度（至少一段时间内）的情况下吸收大量的热。不要担心，能量守恒定律还是成立的。

那些热量肯定去了某个地方。它进入了熔解金属核心的熔解潜热中，图 6-14 显示了当你加热一个固体时发生的情况。它的温度平稳地上升直至达到它的熔点。之后，即便你保持加入热量，它的温度不会变化。进入的能量将固体变成液体，并且不增加它的温度，温度不会增加直至材料完全熔化。在熔化过程中吸收的能量称为熔解潜热。

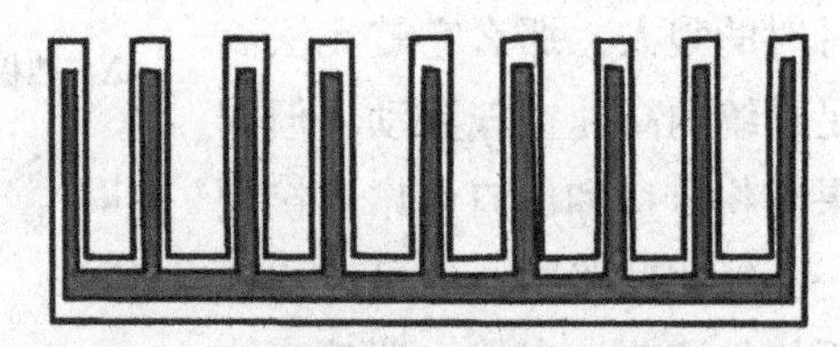

图 6-13　内部熔化散热器截面。散热器在温度不升高的情况下吸收热量

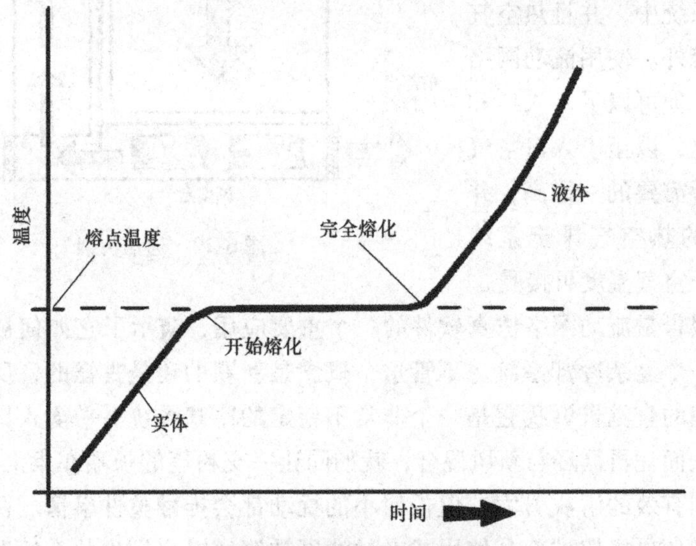

图 6-14　温度和时间曲线

潜热可能相当大。这就是为什么我们在新的冷却器中加入冰而不是冷冻的岩石。100lb[⊖]零下 40℃的岩石冷却能力等于 10lb 融冰。

在我们进入“啊哈”阶段之前，你还需要了解一件事，即它适用的场合。假设你有一个电子元器件，它在很短的时间周期内有非常高的热功耗。但大多数的时间热功耗是相当低的。一个最常见的例子是用于机械手的电机控制装置。它可能在 5ms 内通过 100A 的电流，但之后的 5min 内没有任何电流。这个占空比像一个大钉子，却不是连续的。另一个例子是工作站的微处理器，绝大多数时间，它处理鼠标的点击，热功耗为 20W 或 30W，之后突然进行了一个庞大的

⊖ 1lb = 0.45359237kg，后同。

工程组浮点计算，在几秒钟之内产生了150W的热量。在这两个例子中，平均的热量损耗是相当低，并且一个结构简单，小的散热器就可以满足需求。小散热器无法应对热功耗峰值，并且短时间内芯片的温度超出了正常工作的温度限制。突然的温度改变可能具有很大的伤害。

质量大的散热器能帮助平缓这些温度突变。但中心熔化散热器的好处是使温度上升曲线变得平缓。譬如说你的元器件的最大工作温度为90℃。你选择了一个中心材料熔点为85℃的散热器，你可以始终抵抗热功耗峰值冲击，并且直到散热器中心完全熔化，否则这个散热器温度不会超过85℃。如果散热器温度保持在85℃，则元器件的温度将保持在90℃以下。你唯一遇到的问题是当散热器中心完全熔化，并且你不断地加入热量，散热器的温度和元器件温度将再次开始上升，但这时这个散热器的性能并不会比实体散热器更好。

对于一个具有高瞬时功耗的元器件，一个中心熔化的散热器可以比实体散热器更小。通过熔化过程散热器中心吸收了峰值热功耗，并且在之后低损耗的很长一段时间内散热器翅片释放热量到空气中，使散热器中心再次变成固体。一个实体散热器不得不设计成大尺寸，以处理峰值热功耗问题。

这个中心熔化的作用就像你在郊区校园中所看到的澄清池。污水管道系统根据平均的雨水量来进行设计。在暴雨期间，雨水进入到澄清池中；在暴雨过后，雨水以污水管道能处理的流量进入到管道中。这种方法使我们不需要在每一个街道下有一个20ft直径的污水管去处理峰值降雨量。

现在你了解了中心熔解散热器，你可能开始思考元器件热功耗是如何随时间变化。如果你有一个高热功耗的元器件，它的峰值是完全可预测的。或许你可以使用中心熔解的散热器。这个峰值热功耗必须能预测，以至于散热器中心的尺寸能被确定永远不会完全熔化。举例来说，如果你的SDRAM有一个10%的占空比（10%的时间工作，90%的时间空闲），这可能是应用中心熔解散热器的好场合。如果占空比今天是10%，但明天可能是90%，取决于客户的使用，这可能不是一个很好的中心熔解散热器的应用场合。

每瓦的价格

另一份报告建议大的通信办公室和数据中心通过现场产生的电能和使用余热来驱动吸收制冷循环空调的方式来节省电能。那不是电子冷却工程师所要考虑的，但这份报告同样给出了一个重要的有多少电能进入到元器件的重要观点（见表6-3）。下一次你在你的电路板上增加了一个1W功率的元器件，仔细考虑一下这个电能来自什么地方（见图6-15）。

因为数据中心将AC功率转换到DC进行充电，之后再将电池转换为AC分配到服务器，它之后会再次被转变为 DC，所以它比通信办公室的浪费更加严重。通信设备直接采用 DC 功率运行，所以一个能量转换损失的步骤被跳过。

表 6-3

功率消耗	效率	功率
“有用”元器件功率	—	1W
空调去除 1W 的热量	cop = 7	0.14W
48V 转换到 3.3V	85%	0.18W
AC 到 DC 48V	85%	0.21W
AC 传输线	80%	0.38W
燃油到电能转换	30%	4.46W
总燃料要求	—	6.37W

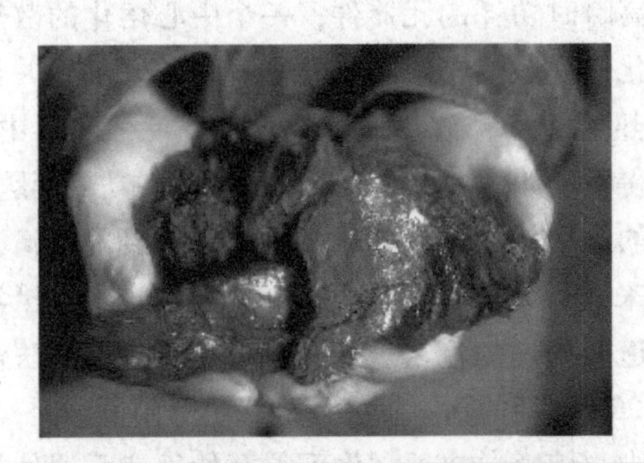

图 6-15　一个 1W 的元器件和促使它工作的燃料

你在设计中增加的一点点功率最终会对大气中某个地方增加超过 6W 的热量，更不要说 CO_2、煤尘和/或包括的钚。即使那些都不会使你烦恼，最终总的燃料确定了我们的客户不得不去支付为了使我产品工作的电子账单。电子产品省下的每瓦电功率可以为世界节省 6W 电能，并且使我们工作更轻松，也许那对任何人都很重要。

第7章 通信：一个充满神话和错误的领域

通信行业是一个独特的行业。例如（至少在美国）DC电源线的通信标准颜色代号是负极红色和正极黑色，但是世界的其他地方使用红色作为正极，黑色作为负极。这对于来自消费或汽车电子行业的工程师而言是相当震撼的。

在通信行业的电子冷却中也有一些奇怪的事情。热设计的挑战很多时候不是由极端热功耗、恶劣的环境条件乃至成本价格所引起的，因为这些与电话网络永远不停止工作的需求相比，不值一谈。可靠性、可利用性、可修复性和冗余确定了所有的一切。如果你需要一颗风扇来冷却你的系统，则实际你可能需要两颗风扇。但采用两颗风扇的话，如果一颗失效就会产生潜在的气流泄漏风险，所以你可能需要四颗风扇。并且为以防万一，采用六颗乃至八颗会更好。

提供电话服务的公司习惯于购买一个系统，并且将它安装在整个网络系统中，这样的一个系统就在那里不停地工作，在安装之后的40年中不断地为公司带来收入。它应该在地震、电力故障、空调系统故障、无人看守、没有关闭的情况下都能正常工作。现在你开始明白为什么通信行业迟迟不将风扇引入其冷却方案中，因为不存在一颗能稳定工作40年的风扇。

以下是一些引以为戒的事情，下述章节比之前的内容更多地采用通信标准、通信缩略语和通信设计概念来润色。现在你有机会跳至本书最后，避免读到超过20次的NEBS。但对于你们中那些在通信行业中不停干活的人，以及那些渴望某一天在通信行业中干活的人，这些章节会使你有一种家的感觉。这里有你的可靠性，你的50℃环境温度，你的四次地震测试。除此之外，还有一些小的传热理念值得学习，一些关于HBU和有趣图片的更详细信息。

7.1 模块内部的想法

Herbie 从贸易展览会上带了满满一购物袋的促销破烂物回来。里面有十二面体的台历，卫星电话形状的螺旋弹簧玩具，以及我最喜欢的一对用光缆连接的锡罐。他将整个袋子随意地放在我办公室的地板上，并且胡乱寻找直至发现了一份特别的手册（见图 7-1）。

“这里是一些你感兴趣的东西。这个伟大的新概念对于风扇冷却的系统可以节省机架内大量的空间。由此它可以让我们安装大量的电路板，这正是一直以来我们所寻找的。”他说，同时，将彩色的手册在我的桌上展开。

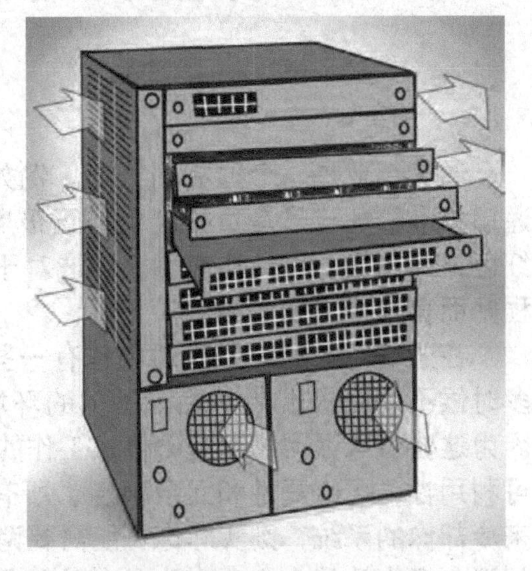

图 7-1 在这个产品的例子中，不同设计部门不会赞同一个单一空气流动方向，路由器的电路板被从左至右的空气冷却，而底部电源模块被从前往后的空气冷却

我问：“这到底是什么东西?”我将它倒了过来。

他解释说：“这是来自 Rimrock Router Systems 的最新路由器。区分电话服务和网络通信之间的差异变得越来越困难，因为使用路由器的家伙们对电话感兴趣，而使用电话的家伙们喜欢处理数据。”

我问：“这个东西安装在通信机架中吗?”

Herbie 说：“他们就是这么说的。附件装备是一套通信类型机架的固定安装架，并且在手册的最后背面说：‘通信可用，设计符合 NEBS[⊖] 58%的要求’。”

我问：“但你在哪个地方放置机架？从这张图片看起来，这个盒子像是放在侧面。”

他说：“在图中它是正面朝上。那也是这个机架的优点。”

⊖ NEBS 表示网路设备构建系统。它是美国室内通信设备标准，定义了建筑和设备内的结构和环境要求。这个标准是 Telcordia 公司的专利文件。

我说："优点?"

"这些电路板被水平安装！模块外部是如何考虑的?"他回答："在左侧的风扇将空气吸入，之后空气通过电路板，最后从右侧的通风孔出去。它的最大优点是在模块之间不需要任何巨大的占用空间的挡板。你可以在机架中一个一个地堆放这些模块单元，机架内不会浪费任何起导流作用的金属板。如果你的客户只有一块或两块电路板，这种方法是非常好的。你可以使这个模块非常短，并且在机架内占用很少的空间，如果你将电路板垂直放置，就像平时我们所做的那样，这个模块不得不和电路板一样高，如果你在模块中仅仅装一两块电路板，则模块内其他地方是空的，造成了空间的浪费。"

我拿起这本手册，并且将它装入一个已经很满的文件夹中。我说："你是对的，我也发现这个有趣的地方。我会将它加入到我收集的不建议的通信冷却系统设计案例中。"

Herbie 转了转眼睛说："你这个来自 Bell 大妈（指美国 Bell 电话公司）的老油条，墨守成规，甚至是在一些优秀的事物出现的时候。"

我说："电子管爱好者先生，我任何时候都可以和你比较生日。我承认旧的 Bell 系统是古板和缓慢改变的。但是，追溯到 Bell 系统还只是一个系统的时候，Bell 里面有一群人，他们唯一的工作就是想出这些网络难题该如何组合在一起。他们想出了一个在模块中放置电路板，机架中放置模块，通道中放置机架和房间内布置通道的标准方法，通过这种方法它们都能适合房间通风、照明和布线系统。"

"为什么传统上我们垂直布置 PCB 是有原因的。对于每一个模块都有一个完美的空气流动，不是从底部到顶部，就是从前部到后部，或者是这样的某种组合。我们不会尝试空气从机架侧面流动，因为机架会被并排摆放。如果你想在机架左侧吸入空气，你必须在左侧留有一定的空间。绝大多数情况下那里正好直立放置着另一个机架，或者是另一个机架的模块。这还不是最恶劣的。如果有另一个机架从侧面进出风，我的机架有可能会吸入它吹出来的热空气！我机架吹出的热空气也可能被吸到相反机架的模块或者被其他设备吸入。这很明显是不好的。"

"当军队在一个新的场所安营扎寨时，他们所做的第一件事情就是挖个厕所，为什么？因为他们不想让士兵们在任何他们有可能会睡觉、吃饭和做俯卧撑的地方随地大小便。他们选择了一个地方来方便，所以他们不会弄脏其他的地方。那就是 Telco 中数据中心系统工程师所做的，只有他们来处理废热。他们设计机架直线排列，以至于机架前面相对排列，形成所谓的前面或设备通道，并且机架后面与布线通道相对。这些通道的交替如图 7-2 所示。”

“通风系统被设计成将冷空气吹入前面通道。模块被期望从前面吸入冷空气，并且将热空气排至布线通道或机架的上部。”

Herbie 的表情看起来就像我在他的气球上扎了一针。他说：“但对于我的一个很小的模块，这种传统的方法是一种空间的浪费！它的效率太低！”

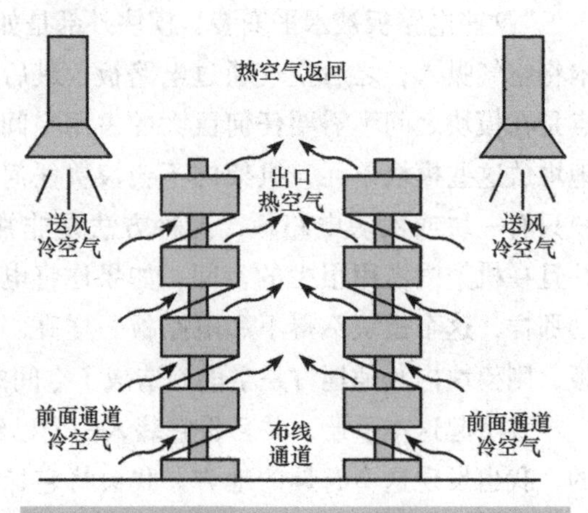

图 7-2　通常数据中心采用布线通道去除热量

我点了点头说，“你可能是对的。没有人声称军队在利用每一个人的潜力时是高效的。但当以一个命令使数千名士兵都做一件事情时，他们可以在那方面做得很好。并且那就是你努力在数据中心中所要做的——使成百上千个电路板在一个控制下同时很好地工作。”

“另一方面，你已经获得了像 Rimrock 等数据产品供应商。他们一点也不像一个军队，而更像在假期周末袭击州立公园的家庭露营部落。每一个家庭建立了他们喜欢的营地。一切都没问题，直到一个露营者生了一堆火并且烟进入到隔壁的帐篷中，以及有人倾倒洗涤水时飞溅到其他人的睡袋上，将巨大的休闲车停在阻碍你欣赏湖景的地方。没有人会为发生在小露营点边界处的任何事情负责。你最终得到的是一群不愉快的露营者。”

“你说的是考虑盒子外部的情况——路由器设计师仅仅是一个考虑他自己产品范围内事情的人。他们将空气入口布置在左侧、右侧、前面和后面，任何他们想布置的地方。如果客户想让一个房间内不止一个的路由器工作，那么客户需要确定如何使它们正常工作。”

Herbie 轻声地笑着说：“你能想象他们客户服务的电话吗？‘你好，因为我们的路由器正在对服务器吹热空气，所以你的服务器停止工作。你不得不联系服务器供应商寻求帮助。哦，他们告诉你将机架转方向以便服务器向我们的路由器吹热空气，由此路由器过热。行，答案是：不要那么做。将它们摆回原来的形式。并且感谢来电。每一个电话对我们而言都是重要的。’”

我说，“行。很高兴 Herbie 你明白了。现在你还有其他什么来自贸易展的东西供我们学习？”

他说：“有的。”并且拿出了另一本手册，这一次上面到处是 Teleleap 公司的标志。“如果你不喜欢刚才那个，你真的会恨这一个。这是一个侧面空气流动的模块，这是来自另一家公司的自有品牌。它是一个连接 HBU 到因特网的心灵感应 IP 模块。很幸运能让它与我们系统的其他模块一起工作。”

我叹了口气说：“哦，太棒了！把它给我，我，我要去一下男厕所。”然而我对于模块内部的想法很少，我急匆匆地找了一个合适的洗手间去研究这本手册。

7.2 使机柜满足 ETSI 标准

Slim 欢迎我说：“欢迎来到 Teleleap 公司的 BRRR 部门。”一些聪明的家伙在 1990 年的时候在冰岛建立了 BRRR 部门作为公司在欧洲的一个立足点，从而更容易与欧盟进行贸易。直到后来我们才发现冰岛实际上并不属于欧盟。

BRRR 部门在跨大洋应用的通信产品方面非常专业。他们以海底电缆的终端设备为开始，并且扩展到卫星领域。他们有在语音通道中增加熟悉的“嘶嘶”声和回声的电路方面专利，从而让客户在支付海外长途电话费用时感到是值得的。

我说：“我并不介意在 1 月份访问冰岛。但如果你已经有了这一领域的系统好多年了，为什么你要我来到这里，并且进行热测试?”

我们脱下领带，长筒靴，皮大衣和羊毛衫。尽管这样，Slim 还是相当胖的，与他的昵称非常不相称。他说：“我将带你转转。”同时将我带进了实验室。

他指着一个开放式机架，里面有四个满是线路板的模块（见图 7-3）说：“这是 BK 1200，它是为加拿大和美国用户所设计的，所以它是开放式机架，12in 深，并且它符合来自 Telcordia 的北美标准。它没有风扇，因为它可以在 50℃环境温度条件且没有风扇的情况下正常工作。”

我指出：“我看见你在模块之间有挡板。”

Slim 点头说：“哦，是，我们在很久之前就发现为避免底部模块热空气使顶部模块过热，这是必须的。”

我将手放在顶部模块的盖板上，并且发出了一声长长的“唔”声，从而显示我对温度有多么的敏感。我说：“感觉很好，很冷。这些挡板的工作很棒。”

Slim 笑着说：“考虑到这个特殊的机架此时还没有开始工作，你的赞扬太慷慨了。”

“呃，是的。我应该做什么样的测试。”我边说边快速地将手插到我的口

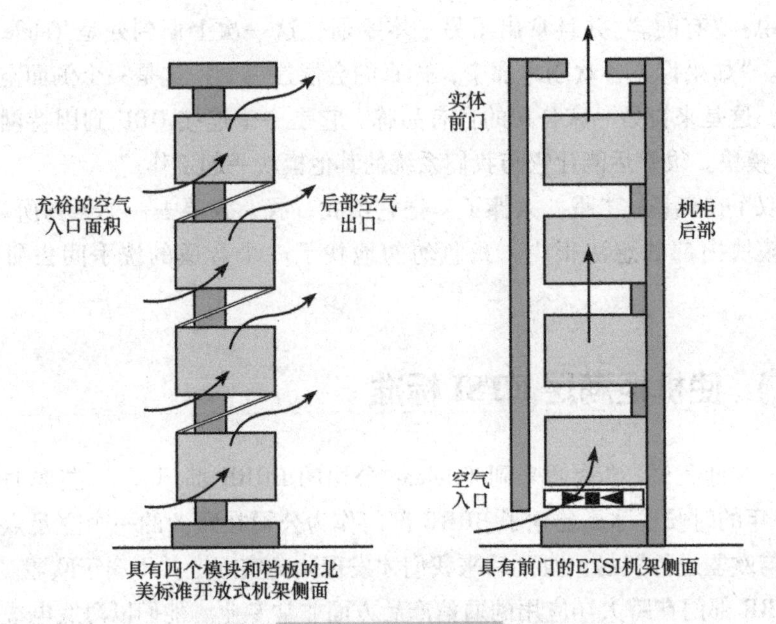

图 7-3　开放式机架

袋中。

“这个 BK 1200 在整个北美是非常成功的。但现在我们的市场将可能是在大西洋边上的欧洲国家。欧洲国家需要相同的硬件，除了英格兰将线缆固定从右手旋转半周更改为左手旋转半周。但目前在欧洲销售，对于设备而言满足 ETSI 规格是一大优势。” Slim 说。

我抱怨说：“哦，不，可别是欧洲通信标准协会！那些个标准太复杂，它们使 Telcordia 规格看起来像《Dick and Jane》(英文幼童读物)。”

他给我看了在另外一个实验中 ETSI 版本的 BK 1200。Slim 说：“在 ETSI 和 Telcordia 版本之间的主要差异是机架。他们想在房间内的所有机柜仅仅从前面进行操作，因为在机柜后部没有通道。机柜背部正对着一堵墙，甚至是与其他机柜背对背布置。”

我说：“那个是不好的。”

他继续说：“是的，我知道，因为机柜背部被密封，所以首先我们不得不重做所有的线缆，以使它们在前面连接。因为在背部没有空间使热空气偏斜，所以我们意识到挡板将不能正常工作。”

我提醒说：“此外，我看到你的机柜有一个实体的前门，所以没有冷空气可以从模块之间进入到机柜中。”

Slim 说：“市场部坚持说客户想要这种方式。”

我说："所以空气通过在机柜底部的格栅进入到机柜中，之后它们会穿过四个模块并且最后从顶部离开机柜。你自己难道不知道这将使顶部模块太热吗?"

他说："是的，这也就是为什么我们将风盘盒放在机架的底部。我们希望这六颗风扇产生足够的空气流量，使即便在顶部的电路板也可以正常工作。"

我擦了我的下巴说："风扇，啊，我认为我不得不采取这种万分之一的机会!"

"哦——那是《The Naked Time》中的 Kirk 船长，我最喜欢《Star Trek》(美国科幻影视系列剧）中的一集。我喝杯咖啡，你先开始布置热电偶。"

在随后的几天中我测量了所有各种条件下 BK 1200 模块中很多元器件的温度——风扇关闭，风扇开启，门打开和关闭，风扇半速工作，一颗风扇在某个时间失效。情况就是我整个晚上都在那个实验室，并且冰岛冬天的晚上可能超过 20h。

当我做完测试之后，我又花了冬天的一个晚上来处理数据，外推最恶劣条件下元器件温度，并且将它们与元器件的正常工作温度限制进行比较。当我摆弄完电子数据表，使其具有边框和底纹之后，我和 Slim 坐在他火山岩纹理的柚木办公室里。

Slim 匆匆查看我的 24 页的报告。他说："不错，所有我想要的只是一页注明'一切正常'和有你署名的备忘录。"

我说："我知道，但当你发现问题时，这个报告就会变得很长。"

"让我们来看看这些问题。"

我说："首先，你是对的。当你将机柜后部封闭，去掉挡板和合上前门，顶部的模块立刻变得很热。"

Slim 点了点头说："行，但风扇起到什么作用?"

我说："我会谈论这一点。结论 2 是：如果你打开前门，冷空气通过模块之间的缝隙进入到模块中，这时你不需要一个风扇盒。在自然对流散热条件下顶部的模块足以正常工作。"

Slim 说："太让人兴奋了，伙计，但我们需要前门!"

我继续说："行，当我合上前门并且开启风扇时，模块温度开始下降。差不多能正常工作。但温度不足以下降到满足 ETSI 最恶劣海拔规格。"

他张着嘴惊讶地说："海拔？ETSI 没有涉及任何关于海拔的事情!"

我拿出了一本卷角的 ETS 300 019-1-3 的复印本，在那段漫长的实验测试期间我阅读了这本复印本。我说："本质上没有海拔。但它隐藏在表格 1 中，最小空气压力。规格是 70kPa，无论那意味着什么。结果是空气在 10000ft 的平均压力。"

Slim 用力拉着他的胡须喊道："不！作为一个登山爱好者，我知道空气冷却在高海拔时是低效率的，高海拔处空气稀薄。告诉我情况会变差多少！"

我解释说："在 10000ft，风扇冷却的效率减少大约 35%。那就意味着实际温升会比实验室中的温升高 35%。当你对我测试得到的温升乘上这个系数之后，ETSI BK 1200 是很热的。"

Slim 将他的额头在桌上猛击。"告诉我怎样我们才能又快又好地解决这个问题！否则这个产品所有相关的设计人员将变得很失望，并且去酒吧狂饮泄愤。"

"折中妥协？还记得前门打开时，即便在没有风扇工作的情况下模块温度是没有问题的吗？高海拔情况是偶尔出现的，因为海拔对自然对流散热的影响要比对强迫对流散热小，在海拔为 10000ft 时，温升仅仅增加了大约 16%，而不是 35%，并且在正常情况下产生的差异可以满足元器件工作的温度限制。"

Slim 满脸狐疑，所以我拿出了优良设计（GD）准则。其中说风扇强迫冷却散热能力直接与空气密度呈线性关系，而自然对流取决于空气密度的平方根。非常有意思，这就是自然的力量。

最终，Slim 开始露出笑容："所以客户省了一扇门和风扇盒的成本，而我们去除了警报电路和过滤网维护，同时系统也满足了温度规格？我想我能说服市场去认同这个解决方案。"

为了庆祝热测试的成功，在场的每一个人去喝了一场，因为我们是庆祝，所以不能称为狂饮泄愤。这仅仅是一场聚会。

7.3 NEBS：数据中心的圣经

我在通信行业的同事用对待圣经相同的方式来对待 NEBS，这给我留下了深刻的印象。每个人对里面的内容都有着模糊的理解，但它内容太多，并且充满了晦涩难理解的规则，以至于没有一个人真正地坐下来阅读它。

那也就是为什么我一直得到类似这些问题：

"这块电路板是很热的，我认为我们不得不使用一颗风扇来冷却，可是 NEBS 不是禁止在数据中心中使用风扇吗？"

"因为我们评定 EMI 不合格，所以在模块出口处的开孔形式需要进行改变，什么样的开孔形式是 NEBS 允许我们所使用的？"

"我们的产品是靠诚实守信的设计来保证的：为什么 NEBS 会谈论很多关于证明产品良好工作的内容？"

虽然像《圣经》般存在着，但是NEBS并不像Moses一样不断地制定法律。所以即使NEBS没有所罗门文歌那样的形象和抒情，也没有理由害怕它。整件东西只有165页，并且只有5.2章节提及火和硫黄，热的要求仅仅占据了大约9页。尝试着读它吧，你唯一的借口可能是Telcordia为每一个复印本索要一个大价钱，并且你不想侵犯它们的版权而得到一个非法版本。没有人会说在通信行业工作是便宜的。

如果你不是等待NEBS推出视频的那一类人。那么这里是我的精简版本，它足以避免版权的问题。需要注意的是，不要基于我的意译来设计你的产品。Telcordia可以在任何时间更新它的标准，不需要通知那些没有花钱买复印本的人。但这些归纳将给你一些关于NEBS涉及的内容和不应该做什么（见图7-4）。

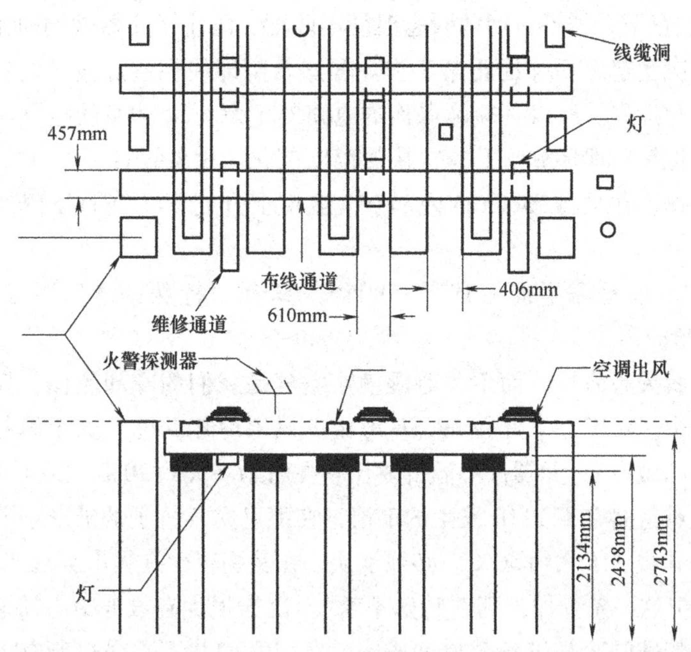

图7-4 NEBS的有趣之处。GR-63-CORE并不像它看起来那么复杂。你是否能够找到隐藏在迷宫般设备机架和线槽背后的圣经宝藏?

NEBS涉及热设计的六件事情：

1. 工作温度范围：-5～+50℃

NEBS中有很多关于长期和短期测试温度范围，以及单个机架特殊测试的细节，但是下面这个内容你必须知道。在数据中心中工作温度范围几乎不可能超过50℃，但是可能有一排机柜的工作温度会在几天内一直有50℃那么高。那段时间足够长以至于你的硬件最好能一直在50℃的环境下工作。NEBS也给出了相对湿度的工作范围，但湿度几乎对元器件温度没有影响，所以我将其忽略。需要值得注意的一件事情是，NEBS 仅仅适用于北美室内电话数据中心。如果你为一个电线杆，比利时的公寓大楼或一个电线电视站设计一个盒子，你必须得到相应的需求文件。

2. 每小时室温变化为 30℃

大多数的时间室温是“正常的”，大约为 20℃，所以在那工作的人们感到很舒适。当空调失效时，它才会变成 50℃。但室温不是在 10s 内从 20℃上升到 50℃，它应该是需要 1h，这可能是非常重要的。我见过在 0℃、50℃甚至 70℃工作良好的设备，只要环境温度是稳定的。但是如果环境温度变化非常快（大约每分钟 10℃），则它将开始短性地停顿工作，并且发生错误（参见 6-1，牛奶瓶问题）。在重要元器件之间的瞬态温度不匹配，阻止了元器件同时工作，并且直到温度再次稳定之后才能正常工作。客户希望即使在室温波动的情况下，元器件也能正常工作。所以必须确保你的电路对于每小时 30℃的空气温度改变不敏感。停止抱怨！那还算不上非常快的温度变化。想象设计一个在零下 40℃条件下开始工作，并且在 15min 内内部空气温度上升到 60℃条件下继续工作的汽车收音机！

3. 工作海拔是海平面 -197 ~ 5905ft。具有“特殊条款”的工作要求为 5905 ~ 13123ft

为什么我关心海拔，而不关心湿度？空气是我们的冷却流体，在高海拔它们流量会减少。对于一个处在 5905ft 海拔的风扇冷却系统（这个海拔大约是一个名为丹佛的城市），元器件的温升要比它在纽约高大约 20%。20% 是很难忽略的。当然更难忽略在 13123ft 发生的事情，在那里空气分子的缺乏引起了高于环境温度的温升增加了大约 50%。必须承认，在美国很少有城市会处于这个海拔，所以 NEBS 把这一条款加入到“特殊条款”。因为很少有数据中心需要满足这个条件，并且特殊的冷却设备会增加成本，所以它们并不是强迫所有的系统或设备在 13123ft 的高度下工作。所以无论何时如果获得了一个处于 12000ft 海拔的客户，你必须整理“特殊条款”是你产品正常工作所必需的。特殊条款的例子可以是：“最大环境温度被限制到 40℃或安装机架到 1 个大气压的增压腔中。”

4. 平均散热极限，平均为 $80W/ft^2$，峰值为 $120W/ft^2$

那是一个风扇冷却系统每平方英尺面积散至空气中热量的极限值。是的，我知道，现在已经可以超过这一散热极限。但这一极限在未来的一段时间不会增加，因为它们是现有绝大部分数据中心建筑的极限。既然所有暴发户的竞争者已经破产，并且送他们的 CEO 回星巴克工作（美国连锁咖啡公司），所以拥有大量现有旧建筑的客户将继续存在很长一段时间。即使 NEBS 将这些极限值作为目标，对于一些信奉 NEBS 的客户，他们仍坚持将这些极限值作为要求。我过去认为这些极限是过时的，难道通信中心就不能复制计算机数据中心的高架地板冷却系统并增大它的散热能力吗？一份最近的数据中心研究表明他们在仅仅 $50W/ft^2$ 散热量的通信数据中心遇到了散热问题。所以一个“过时”数据中心能处理 $100W/ft^2$，那么它将工作得很好。

5. 面向通道的表面温度限制：高于空气温度12℃

这是相当简单的。当客户尝试打开你的机柜时，不应被烫伤。这在过去并不是一个大问题，但当每一个机架热功耗不断上升时，这可能会成为一个问题，NEBS 将这一条仅仅列为目标，但某些客户对它过分敏感。

6. 噪声极限：60dBA

当电话交换中的晶体管取代机械继电器之后，数据中心变成了一个非常安静的地方。数字电路不会产生噪声，但声频噪声正有恢复之势，并且是因为我的错误。它就是冷却风扇，聆听一颗风扇轻轻地驱动空气流动，你可能很想知道有什么好小题大做的，但当一个机架中设置了 24 颗风扇，并且一个通道内有几百颗风扇，这些声音会进行叠加。它不能超过 60dBA 很多。在你家火炉中的风扇可能比那些风扇更少。所以这尽管不是一个严格的热要求，它却限制了你在机架中加入的热功耗数量，当我说你的电路板太热时，或许“行，让我们采用一个更大的风扇”不是一个解决方案。更大的风扇可能会带来更大的噪声。

就这些，简单的 NEBS。当然，其中有许多有用的东西被我跳过了，例如严格的温度和湿度测试过程，以及所有非工作存储和运输要求。在你牢记六个基本的准则之后，阅读其他相关内容。它们再一次出现在这里，非常方便，你可以复印成钱包大小，裁剪，并且粘贴在你身份证徽章的背面。

NEBS 涉及的 6 件关于热的事情如下：

1）工作温度范围：-5～+50℃。

2）室温变化为每小时30℃。

3）工作海拔是海平面 -197～5905ft，工作要求，具有“特殊条款”的为5905～13123ft。

4）平均散热极限为 $80W/ft^2$，峰值为 $120W/ft^2$。

5）面向通道的表面温度限制：高于空气温度12℃。

6）噪声限制为60dBA。

7.4 新的 NEBS：比另一本圣经更可怕的神话

我边细看 Herbie 给我的草图，边说：“每个机柜 1200W？我们可能对它不使用风扇。”

Herbie 说：“1200？”他在估计的功耗后面又加了一个大大的零。

“12000W？”我说，“你发疯了？”

他说：“有什么问题？我听说 Telcordia 出版了新的 NEBS。它去除了 80W/ft^2 的限制，并且允许采用水冷。所以咱们将冷水管跟这个宝贝儿连接在一起，就这样让它工作着（见图 7-5）。”

我说：“水冷，你肯定是在 www. inyourdream. com 了解到的。为什么你需要在一个机柜内加入 12000W 的功耗？”

Herbie 说：“它是我们下一代使用 BWDM（大脑波分复用）的 HBU。通过对每一个大脑波长设置一个不同的信号，在系统中的每一个心灵感应数据传递量是原始 HBU 的 48 倍。”

图 7-5　即便 GR-3028 中推出了水冷，但它在数据中心的真正应用还比较遥远

我说：“太让人惊讶了。但甚至我不需要详细地看这些细节就能判断出散热会出现问题，并且它会引起数据中心巨大的功率和温度的麻烦事。另外我知道没人已经安装了水冷系统。”

“此外，没有新的 NEBS。NEBS 仍然存在，而且挺好的，并且没有被取代或替换。”

Herbie 气急败坏地说：“但通信数据中心热管理 Thermal GR-3028 又是什么，那是 Telcordia 在 2001 年 12 月颁布的？”

我说：“哦，那是新的 NEBS！GR-3028 没有取代 NEBS。首先它仅仅处理热管理，而 NEBS 涉及了许多方面，即使当它涉及热，也不是要取代 NEBS，而是加强 NEBS 和增加一些新的东西。”之后我又进入到强迫性的即兴授课，并为他进行了归纳。

GR-3028：一份关于“全球数据中心变热”的报告，但它假扮成了要求文件

下面解释了 **GR-3028** 是什么？

1. 描述了现今在美国通信数据中心热管理的状况

在 1990 年代期间，没有任何可预见的下降，通信设备的密度和它的功率耗散持续稳步增长，随着 NEBS 中 80W/ft^2 的散热目标逐渐被忽视。通信服务供应商已经安装了不是为专门通信数据中心环境所设计的数据设备（参见 7.1 数据产品空气流动问题）。一些数据中心已经达到了普通建筑空调系统所能处理的极限，并且非传统的设备正使事情更糟糕。结论：一些数据中心正在接近于过热，并且一些需要进行热管理控制。

2. 一种描述房间冷却等级和设备冷却等级的标准语言

房间内冷却系统被分类为头顶分配管道，高架地板和其他你并不是很关心的一类。设备（电子盒，确切地说）也被划分为几大类，主要是基于入口和出口通风口的位置。举例来说，HBU 辅助开关模块，从底部前侧吸入空气，并且将空气通过模块顶部吹出到后部通道中，被列为 **EC-class（s）F1-R3**。GR-3028没有要求设备属于任何具体的某一类，但它要求你根据标准语言告诉你的客户设备属于哪一大类。对于获得这些定义的完整解释，你需要有一本 GR-3028 的复印本。

3. 散热目标

NEBS 有一个单一的散热极限，即 80W/ft^2。GR-3028 告诉我们对于每一类房间冷却类型，某些设备冷却类型会比其他设备更好地工作。如果对某一类房间冷却类型进行冷却设备的优化，你可以轻松地超出 80W/ft^2 的极限，在最好的情况下完全会达到 150W/ft^2。GR-3028 给出了一张对于不同房间冷却类型和设备冷却类型组合的散热目标表格。没有以一种正式的要求进行阐明，但它强烈地给出了一种对于从底部前侧吸风，并且从后部通道或机柜顶部排风设备的偏爱，因为只有那些设备冷却类型在 VOH 房间冷却类型中工作得最好。其中 VOH 房间冷却类型在超过 95% 的数据中心中使用。NEBS 永远不会详细阐述，但 GR-3028做了非常明确的说明：前通道是冷空气，后通道是为了热空气，如果你的设备不是为这两种通道形式设计的，它就不能很好地工作并且它也可能把相邻的设备也搞糟。

4. 精确的热功耗报告要求

在过去美好的日子里，你能承受一个机柜散热量方面宽松的报告。你仅仅将 48V 乘以断路器电流额定值，并且说热功耗不可能超出那个值，否则断路器将烧掉。即使在设备工作期间，实际驱动的电流可能远远小于这个值。既然，客户尝试将冷却系统能力延伸到最大，那么就需要更精确的数据。GR-3028 要求设备供应商对每一种状况提供正确的热功耗值，解释这些值是如何计算，并且用测试数据证实它们。

5. 空调失效的现状核实

NEBS 告诉我们当房间冷却失效，空气温度不会上升到 50℃以上，并且温度的上升不会快于每分钟 0.5℃。2001 年的轮流停电给了 Telcordia 一个机会去见证在南加利福尼亚数据中心到底会发生什么。在图 7-6 中，空气温度大约在 10min 内增加到 50℃，并且在达到 70℃之前没有停止的迹象，并且它只具有 75W/ft^2 的微小功耗。

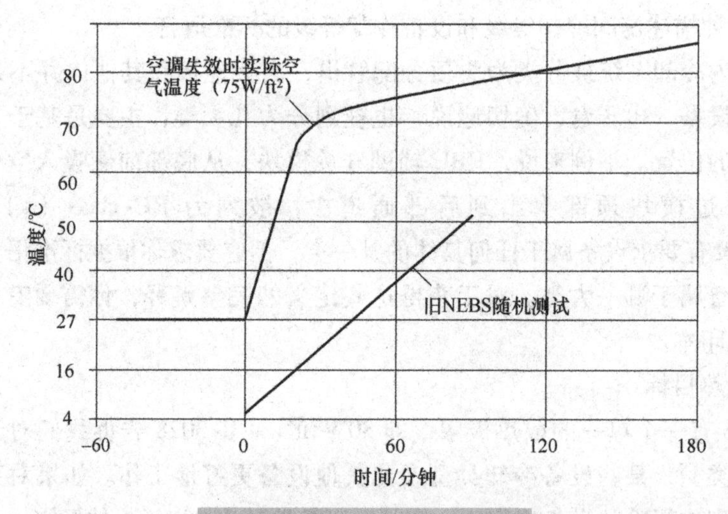

图 7-6　房间内温度-时间曲线

不要害怕，GR-3028 不会要求设备通过这样的一个测试。NEBS 仅仅具有最高 50℃环境温度的环境测试。但一个快速温度变化测试已经被增加到 NEBS 测试的末尾。在所有正常冷却高低温度循环完成之后，产品经受一个每分钟 1.6℃变化，从 23℃到 50℃的温度变化。来看一下是否空气温度快速的变化会引起任何问题，那可能不会造成典型产品的短暂停顿。主要的问题是现有的大恒温箱，可能无法使空气温度上升这么快，如果我们将 Herbie 的 BWDM 机架放在其中，或许他们可以做到。

Herbie 问："就是这样？所有我们必须做的就是加快恒温箱温度变化，分辨空气爆裂了哪一个元器件和产生功耗报告？哪里是需要水冷的？"

我快速地浏览着 GR-2308，其中没有提及水冷。"它推测如果功耗不断上升，数据中心可能被迫采用水冷，但它没有任何关于水冷的要求。哦，它说了如果你的设备使用水冷，它该被列为 EC 类中的 LQ。”

Herbie 垂头丧气地问：“这个新的 NEBS 根本没有对我带来任何好处。BWDM 机架怎么办？”

我回答说：“在水冷却标准出现之前，我建议你将不切实际的每个机架 12000W 按比例缩减到 5000W 或 6000W 每个机架。并且我将开始温习我的管道设计工程知识。”

7.5　正常室温：最新的热最恶劣条件

当 Herbie 将硬纸板盒放在我桌子上时，使办公室隔断壁面“吱吱”作响。从一大封松散泡沫中，他拿出了一颗风扇（见图 7-7）。他带着惯有的兴奋劲说：“这是对于 Point 2 中我们问题的响应。”

图 7-7　风扇供应商正尝试制作更强大的风扇来产生更多空气流量。但你能使用的空气流量可能受到 NEBS 噪声标准所限制

Point 2 是我们 HBU 功能包 8.3.7.2 的缩写。所以已经为这个发行版本推出了很多软件补丁，现在我们不得不推出一个在电路板上更强大的处理器来工作，处理器的功耗将从 4.5W 增加到 47W。我尽力设计出一个胜任这个工作和能置于现有空间的散热器（因为之前的处理器不需要一个散热器。）

Herbie 的风扇第一眼看上去非常简单，和我们现有风扇中 $5in^2$ 风扇一样的尺寸和外形。但它更重，具有一个结实的金属外框和粗的电源线，我问：“在风扇叶片上有三角片？”

他说：“哦，耶！”同时用手指拨动风扇电动机。即使是没有功率输入的旋转，它听起来就像一个食品加工机切一排土豆。“没有三角片的话，在全速运转时钛叶片会因为背压和离心力的结合作用而变形的。”

我说：“不是开玩笑吧？所以你认为这颗风扇会提供给我们足够的空气流量来解决 Point 2 处理器的散热问题？”

Herbie 说："也许，你说过如果我们能将空气流量翻倍，并且将散热器增加到最大可能的尺寸，你可能让处理器工作在它的工作温度限制下，在这颗新风扇的规格书中说它的流量是旧风扇的两倍，并且它正好能放入到现有的风扇盒中。"

我承认："当我说将流量翻倍时，我假设这种风扇是不可能的，并且让你放弃。但它值得一试，这个讨厌的东西的噪声如何？"

Herbie 斜眼看着风扇规格书并且读到："不会引起太多实验中老鼠的听力伤害。一定是行的，为什么你这么问？"

"你意识到，基于 2.7 节中的大胆尝试，当你增加风扇转速时，风扇的噪声上升相当快，是吗？使风扇流量翻倍，风扇的转速 RPM 不得不翻倍，假使一样的风扇叶片设计。当你将风扇 RPM 翻倍时，风扇的噪声将上升大约 15dB，那可能看上去并不是什么重要的事，但 10dB 的增加听上去的感觉就像翻倍。"我解释说"并且在全速时，我们旧的风扇盒已经超过了 NEBS 噪声限制。"

Herbie 说："那没问题，我们将使用与当前风扇盒一样的计划，当室温低于 40℃时，我们降低风扇转速直至它满足噪声标准。只有当环境温度达到 50℃或在一颗风扇失效期间，我们才真正需要大量的空气流量，是吗？"

我点头并且从 Herbie 那里拿过来风扇规格书，我说："让我将这个新的风扇曲线放到我的 Therminator 热仿真模型中，并且看一下在 50℃ 环温下会发生什么。"

当仿真工作完成后，Herbie 要求我在 HBU 决策会议上提供结果，以便于每一个人都能看到他是如何拯救这个项目的。我建议说："或许你最好听到我以'宁愿采用……'作为报告的结尾。"

Herbie 可能感到了有麻烦，他午餐期间偷偷地来到我的办公室。

他问："有什么问题吗？那个超强的风扇难道没有帮助吗？"

我说："事实上，它做到了！你发现的这个怪物似的强大风扇，加上具有相变界面材料，并且由我优化设计的焊接翅片散热器，即便在 50℃ 环境温度和风扇盒中一颗风扇失效的条件下，也可以使处理器的温度在它的工作限制温度下 5℃。"

Herbie 咧着嘴笑，并且举起手击掌，我抬起我的手做出相同的行为，但更像交通警察指示汽车停下。我说："不要这么快地进行庆祝，我还没有给你最恶劣条件下的结果。"

Herbie 说："最恶劣条件？还有什么比一颗风扇失效和 50℃ 环境温度更恶劣？"

我说：“直到昨天晚上，我才意识到它。但对于这个特殊的风扇盒，结果是当所有风扇工作和 40℃ 环境温度时最恶劣状况发生。”

他说：“40℃！怎么可能在 40℃ 环境温度下，元器件温度比 50℃ 环境温度更高？特别是所有风扇都工作的条件下？”

“因为在 40℃ 环境温度下，我们还尝试去满足 NEBS 噪声标准，40℃ 环境温度被认为是一个系统长期和正常的工作条件。”我解释说：“所以在 40℃ 环境温度时，所有风扇以一个非常慢的转速工作，相同的转速下我的旧风扇不得不在 60dBA 下运行。当具有相同叶片设计的风扇以相同转速旋转时，你获得的噪声和空气流量也是相同的。所以即便我们采用这个新的强大风扇，当我们以低转速运行去满足噪声标准，我们仅仅获得与原来风扇相似的流量。”

Herbie 说：“但环境温度低了 10℃，难道那没有弥补较慢的转速？”

我说：“它补偿了 10℃ 的更高散热器温度，在这个案例中，它是不够的。当空气流量被噪声标准限制，即便具有一个我为它设计的高效率散热器，处理器的结温将会有 130℃。”

Herbie 一屁股坐在椅子上，“如果我们改变风扇盒工作的触发点，以至于在 30℃ 环境温度时它会全速旋转而不是 40℃ 那么会如何？”

我回答：“行，在 30℃ 环境温度时处理器的温度将是 120℃，它还是超过工作限制 15℃，如果你想用那种方式解决这个问题，你将不得不在 15℃ 环境温度时开始让风扇全速工作。15℃ 环境温度是低于正常室温（正常室温为 18 ~20℃）的，那意味着风扇将始终违背噪声标准，那是客户所不能接受的。”

Herbie 拿起那个巨大的风扇并且一边思考一边用手轻拍风扇叶片。我不能分辨摩擦声是来自风扇还是他的大脑。最后，他的手指被风扇叶片和外框夹得生疼。

“所以这个故事的主要思想是：如果我们使空气流量不断增加，可以使热流密度增加，但空气流量是有限制的，不是因为风扇无法做到，而是我们最终超出了噪声限制。”他说，同时吮吸着他出血的手指。

我说：“除非 NEBS 中的噪声标准发生变化，否则我们就很纠结。当然，如果你增加风扇直径并且使它们更大，你可以用一个相对安静的风扇得到更多的空气流量。但我认为重点是大机架中装入更多的电子设备，而不是更多的冷却元器件。”

Herbie 严肃地点了点头：“行，那么，我想我们没有选择。我将不得不求助于我最后的手段去使这个东西工作。”

我说：“听起来你是绝望的，当你得到正确的观点时总这样。说吧。”

他说："软件团队告诉我，当处理器运行波动和不完整的长段代码时，它才会产生最大的热功耗，但这并不是经常发生的，他们说每几个小时它最多以最大热功耗运行 10 ~ 15s，其余的时间这个处理器是空闲的，热功耗大约为 4W，有什么帮助吗?"

"所以你听说了中心熔化的散热器（参见 6.6 节，很疯狂，它只是有可能!）。或许那个大而重具有很大热容的散热器将有帮助。这个处理器热耗大多数时候为 4W，但 47W 仅仅是偶尔的 10s，你应该在一开始就告诉我这些。之后我们将不需要这个新的风扇，并且也不会夹疼你的手指，过来，我再一次开车送你去急诊室。"

7.6 空气冷却中最薄弱的环节

到目前为止，这个 21 世纪非常令人失望（见图 7-8）。我在 20 世纪 50 或 60 年代的科幻片中成长。此外，我知道 Jules Verne（19 世纪法国著名小说家）和 H. G. Wells（19 世纪英国著名小说家）的故事结尾是令人惊讶地准确预测了真实的技术发展。所以我以前一直期盼着如果我活得足够长，能看到 21 世纪（不对，我那会正值 40 多岁），我将居住在一个技术的国度或者一个后世界末日的噩梦，抑或是老大哥控制的麻木和虚假乌托邦中。到 2001 年将会有普通的长空旅行、心灵的机器、个人的喷气发动机组件，并且最重要的是机器可以做所有工作。哦，涡轮喷气式超级摩托车来了又走了，技术到最后没有履行它的承诺。我可以在没有肩部银色酷装情况下很好地生活，但我的气垫汽车、我的喷气发动机组和我房屋清洁机器人在哪里？政府正在老大哥压迫方面取得进展，但它还没有破译空洞的虚假乌托邦，我们得到的技术（如手提电话和录像机）只是一些事物很小的改进，这些事物当我在小孩时就已经做的，通过电话中交谈和看电视。该是机器人的时代了!

图 7-8　21 世纪-不允许有人

当21世纪时，我们仍然使用空气作为绝大多数电子设备的冷却介质。我没有抱怨这件事，空气仍然被使用，因为它在成本方面有优势，并不是因为我们没有发明任何更多的高科技技术。

但现在，似乎对于像通信和数据处理设备等大型电子系统，热流密度很高，以至于我们正触及空气冷却的极限。并不是说我们不能对电子设备内部吹足够的空气，从而使其内部电路充分冷却，尽管这一天已经不再遥远了。我正在提到的是当你在一个房间内布置网络服务器时，就会出现很多热量以至于房间空调系统无法处理它。如果你无法去除所有房间内产生的热量，那么你无法控制房间内空气温度，并且最终导致设备过热。我没有编造这种趋势去有利于我的科幻主题，它已经被国际正常运行时间协会很好地记录下来了（尽管它听起来像是我编造的事物，但是它却是一个拥有真实资料的真实组织）。

不同资料来源对房间空气冷却提出了不同的限制。它们的变化范围从540W/m² 上升到2700 W/m²（即50~250W/ft²）。最低值的限制可以被归咎于原有空调系统制冷能力欠缺的老建筑，这些空调系统不可能升级或者是冷却系统的设计很差无法处理密集的热负荷，在对于最高值的限制几乎没有详细的解释。我已经可以使3000W/m² 及以上热流量的通信系统工作。我如何才能销售那些在客户现场过热的产品？

空气冷却限制背后的原因是什么？是如今我们为保护臭氧层而一直坚持使用的差劲的制冷剂吗？是因为空气温度超过某个值后会丧失某些物理特性吗？换而言之，数据中心和通信办公室濒临于过热，谁应该负责（除了我之外）？我试图通过做能量平衡来解决每个问题。在绝大多数的个人情况下，它没有多大帮助，但是对于将热量带到房间外面而言，却是很有用的。通过假设，我们有一个6m宽、6m长、6m高的房间开始。一个管道输入来自空调系统的冷空气，另一个辅助管道带走热空气。在房间外部的某个地方，它们相遇在空调机房，空气进入的流量，等于空气出去的流量，忽略任何旁漏（见图7-9）。写出一个方程非常容易，它告诉我们通过空气冷却系统房间中有多少热量可以被去除。

$$Q = AV\rho C_p (T_{hot} - T_{cold}) \tag{7-1}$$

式中，Q是从房间去除的热量；A是管道的截面积；V是管道内的空气流速；ρ是空气密度；C_p是空气比热；T_{hot}是离开房屋的空气温度；T_{cold}是进入房间的空气温度。

我知道空气的密度和比热，它们在我们正常处理的范围内不会改变很多，甚至当它们改变时，我可以查找它们的值，但方程中的其他参数我们该取什么值？

让我们以一个普通的空气管道尺寸 $0.5m^2$ 为开始，它与你房间的管道相比，是非常大的，所以作为一个出发点，管道的截面积（A）为 $0.25m^2$。

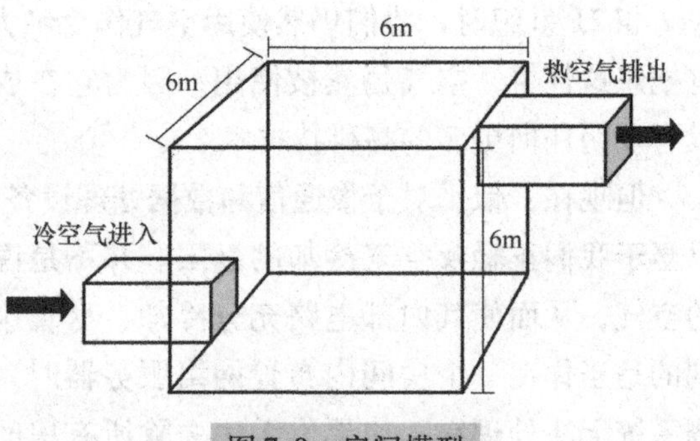

图 7-9　房间模型

之后我们不得不为管道的入口和出口设定一个空气流速，并且设定入口温度和出口温度。假设我们有一个无限大功率的空调器和风机，可能这个装置可以使新奥尔良超圆屋顶体育场感到舒适，所以我们可选择任何我们想要的空气流速和温度，除了我们缺乏想象力，我们还有其他的限制吗？

一个冷却系统不明显的限制就是数据中心和通信办公室要雇佣人。通过房间的同一个冷却系统，人们和电子设备都处于舒适的环境中。空气温度和流速不得不保持在使人们感到舒适的狭小范围之内。

我不是人体舒适方面的专家，但我已经选择了一些似乎对我而言是正确的值。一个暖通工程师可能会批评我的数据，但我认为这些数据大致是正确的。

最大管道速度：2.0m/s（4.5mile/h）。

最大入口空气温度：15℃（59℉）。

最大出口空气温度：28℃（82℉）。

这个空气速度和温度范围不会杀死任何人，甚至不会使人们感冒，但我认为你将会变得烦恼，如果你不得不整天坐在一个身后有2m/s和15℃空气流速的工作区，或者不得不在28℃温度下，对机柜顶部的电缆进行工作。

将这些值代入式（7-1）（密度为 $1.16kg/m^3$，比热为1000J/kg℃），我得到去除的热量大约为7500W，地板面积是6m×6m，即 $36m^2$。具有这类冷却系统房间的热负荷仅为 $210W/m^2$。就这些吗？怎样我们才能让我们的房间具有更大的散热能力，例如 $1000W/m^2$，或者最好是 $3000W/m^2$，以便我能销售我的产品？

我们能做的一件事情是增加更多的管道，或者使管道更大，从而在没有使管道内速度变大的情况下得到更多的空气流量。表7-1显示了达到一个希望散热量的管道数目的多少。

表7-1的最后一行是我们房间的物理限制，如果我们把左墙做成一个巨大的入口管通道，将右墙做成一个巨大的出口管道，并且将6m×6m的管道连接到我的无限大功率的空调系统，它可支持大约 $30000W/m^2$ 的热负荷。为了那么

做，整个房间都变成了一个风洞。尽管这是可能的，但它要与房间的其他大多数功能相妥协，例如互联数据传输线。

表 7-1　人体舒适度确定的空气冷却极限

0.5m×0.5m 入口管道数目	散热能力/(W/m²)
1	210
2	420
3	630
4	840
整个壁面开口（144 个管道）	30000

所以让我们从那个极端往后退，并且假设左墙和右墙只有一半的面积被风道所占据，以便于还留有一些墙面空间去张贴一些安全海报，那将支持大约 15000W/m² 的散热量。这就是你所需要确保 10000W/m² 散热量设备的房间类型。

这个令人沮丧的方案取决于一个重要的假设——我们需要考虑房间内人的舒适度。如果我们将人从房间内去除，并且对房间内安全设备安全和可靠工作设定空气流速和温度范围又会如何？如果我们采用以下值会发生什么？

最大管道空气流速：10m/s（大约 22mile/h）。

最大入口空气温度：5℃（41°F）。

最大出口空气温度：50℃（120°F）。

我选择 5℃，所以我不需要考虑结霜。否则假设空气温度被控制不会凝结，我们选 0℃或者甚至更低一点的空气温度也是安全的。通信设备在这样的一个环境中是工作良好的，但你的设备维护团队一定不能在这个房间内停留太长的时间。表 7-2 显示了这样一个房间去除热量的能力。

表 7-2　设备工作确定的空气冷却极限

0.5m×0.5m 入口管道数目	散热能力/(W/m²)
1	3600
2	7200
3	11000
4	14000
整个壁面开口（144 个管道）	520000

如果你忽略人体舒适度（乃至活的生物），房间去除热量的能力立即增加约

17倍，或许更多。如果我们将人从设备房间中去除，则我们仍需要做的一件事情是去查明新奥尔良超圆屋顶体育场从哪里买的超大功率的空调器。

结果证明在房间冷却系统中薄弱环节是人的出现。这就是21世纪机器人应该被推行的地方。如果我们采用机器人来维护我们的通信办公室、数据中心和计算机房，我们可以立即扩大电子设备空气冷却的限制范围。当然，我们应该确信对我的机器人加入了一个远程控制的“关闭”按钮，为了那个不可避免的时刻，当它们意识到人类在其他许多领域也是薄弱环节。

本章第一次出现在《Electronics Cooling》2003年9月刊中，已经得到再版的授权。

北京市版权局著作权合同登记 图字 01-2014-4762 号

图书在版编目（CIP）数据

笑谈热设计/(美)科迪班（Kordyban，T.）著；李波译.
—北京：机械工业出版社，2014.11（2025.2 重印）
书名原文：More hot air
ISBN 978-7-111-48045-7

Ⅰ.①笑… Ⅱ.①科…②李… Ⅲ.①电子设备-机械设计
Ⅳ.①TN02

中国版本图书馆 CIP 数据核字（2014）第 219265 号

机械工业出版社（北京市百万庄大街 22 号 邮政编码 100037）
策划编辑：任 鑫 责任编辑：任 鑫
版式设计：霍永明 责任校对：张 征
责任印制：刘 媛
涿州市般润文化传播有限公司印刷
2025 年 2 月第 1 版第 9 次印刷
169mm×239mm · 11.25 印张 · 254 千字
标准书号：ISBN 978-7-111-48045-7
定价：49.00 元

凡购本书，如有缺页、倒页、脱页，由本社发行部调换

电话服务	网络服务
社服务中心：(010) 88361066	教 材 网：http://www.cmpedu.com
销 售 一 部：(010) 68326294	机工官网：http://www.cmpbook.com
销 售 二 部：(010) 88379649	机工官博：http://weibo.com/cmp1952
读者购书热线：(010) 88379203	**封面无防伪标均为盗版**